# Geografia

FUNDAÇÃO EDITORA DA UNESP

*Presidente do Conselho Curador*
Mário Sérgio Vasconcelos

*Diretor-Presidente*
Jézio Hernani Bomfim Gutierre

*Superintendente Administrativo e Financeiro*
William de Souza Agostinho

*Conselho Editorial Acadêmico*
Danilo Rothberg
Luis Fernando Ayerbe
Marcelo Takeshi Yamashita
Maria Cristina Pereira Lima
Milton Terumitsu Sogabe
Newton La Scala Júnior
Pedro Angelo Pagni
Renata Junqueira de Souza
Sandra Aparecida Ferreira
Valéria dos Santos Guimarães

*Editores-Adjuntos*
Anderson Nobara
Leandro Rodrigues

JOHN A. MATTHEWS
DAVID T. HERBERT

# GEOGRAFIA
## UMA BREVÍSSIMA INTRODUÇÃO

Tradução
Rachel Meneguello

editora
unesp

© 2008 John A. Matthews e David T. Herbert

© 2021 Editora Unesp

*Geography – A Very Short Introduction* was originally published in English in 2008. This translation is published by arrangement with Oxford University Press. Editora Unesp is solely responsible for this translation from the original work and Oxford University Press shall have not liability for any errors, omissions or inaccuracies or ambiguities in such translation or for any losses caused by reliance thereon.

*Geography – A Very Short Introduction* foi originalmente publicada em inglês em 2008. Esta tradução é publicada por acordo com a Oxford University Press. A Editora Unesp é o único responsável por esta tradução da obra original e a Oxford University Press não terá nenhuma responsabilidade por quaisquer erros, omissões, imprecisões ou ambiguidades em tal tradução ou por quaisquer perdas causadas pela confiança nisso.

Direitos de publicação reservados à:
Fundação Editora da Unesp (FEU)
Praça da Sé, 108
01001-900 – São Paulo – SP
Tel.: (0xx11) 3242-7171
Fax: (0xx11) 3242-7172
www.editoraunesp.com.br
www.livrariaunesp.com.br
atendimento.editora@unesp.br

Dados Internacionais de Catalogação na Publicação (CIP) de acordo com ISBD
Elaborado por Vagner Rodolfo da Silva – CRB-8/9410

---

M438g

    Matthews, John A.
        Geografia: uma brevíssima introdução / John A. Matthews, David T. Herbert; traduzido por Rachel Meneguello. – São Paulo: Editora Unesp, 2021.

        Tradução de: *Geography – A Very Short Introduction*
        Inclui bibliografia.
        ISBN: 978-65-5711-018-8

        1. Geografia. 2. Meio ambiente. 3. Espaço. 4. Carl Sauer. 5. Interação. 6. Alexander von Humboldt. 7. Geografia física. 8. Desenvolvimento. 9. Países subdesenvolvidos. I. Herbert, David T. II. Meneguello, Rachel. III. Título.

2021-994                                                                           CDD: 910
                                                                                                      CDU: 91

---

Editora afiliada:

Asociación de Editoriales Universitarias
de América Latina y el Caribe

Associação Brasileira de
Editoras Universitárias

Para a sogra de John, Annie D'Sa
(minha sogra favorita), em Nairóbi,
Quênia, e para os netos de David,
Sion e Ella, em Cardiff, *e* para
Isabel e Rosie, em Bristol

# Sumário

  9 . Prefácio
13 . Lista de ilustrações

 17 . Capítulo 1 – Geografia:
o mundo é o nosso palco
 43 . Capítulo 2 – A dimensão física:
os nossos ambientes naturais
 79 . Capítulo 3 – A dimensão humana:
as pessoas em seus lugares
121 . Capítulo 4 – A geografia como um todo:
o terreno comum
151 . Capítulo 5 – Como os geógrafos trabalham
189 . Capítulo 6 – O presente e o futuro da geografia

219 . Referências bibliográficas
233 . Índice remissivo

# Prefácio

O objetivo de *Geografia: uma brevíssima introdução* é proporcionar um relato sucinto e vivo, mas qualificado, da natureza da geografia como um campo de estudo. Para a maioria das pessoas, o termo "geografia" tem um significado instantâneo, mas simplificado demais. Os diferentes países no mundo, os rios, as montanhas e as capitais, e a sua localização nos mapas estão entre as primeiras coisas que vêm à mente. Se um ou uma participante em um *show* de perguntas e respostas sobre conhecimento escolhe a categoria geografia, essas são as perguntas mais frequentes. A geografia é certamente muito mais complexa que esse inventário de assuntos reais. Seus assuntos são extremamente variados, seus conceitos são muitos e bem desenvolvidos, e suas metodologias são rigorosas. É um conjunto de interesses e envolvimentos frequentemente surpreendentes. A geografia percorreu um longo caminho desde as simples descrições de lugares e relevos, e é a sua face moderna que precisamos retratar. Uma instância que desejamos enfatizar é a centralidade da geografia para muitos dos grandes problemas que afligem o mundo moderno. Esse escopo vai do aquecimento global e

JOHN A. MATTHEWS ◆ DAVID T. HERBERT

outros aspectos da mudança ambiental à incidência espacial e à propagação de doenças como o vírus HIV e a aids. Geógrafos têm as competências e a experiência para envolver-se em equipes que abordam temas desse tipo. A geografia sempre foi dividida em duas partes, a física e a humana. Os geógrafos físicos estudam a superfície da Terra como uma entidade física com seus relevos, cobertura vegetal, solos, variação climática etc. Os geógrafos humanos preocupam-se com as formas pelas quais as pessoas ocupam a superfície da Terra, seus movimentos e ocupações, e suas percepções e o uso da terra, dos recursos e do espaço. Externamente a essa dualidade, emerge uma das forças da geografia: sua capacidade para agir como uma ponte entre a natureza e a sociedade. Vamos descrever o "Experimento Geográfico" original que se baseou nessa sinergia entre a natureza e a cultura, reconhecido como a posição singular da geografia entre as ciências e as humanidades. A integração da geografia como disciplina única, algo explícito e forte ao longo das primeiras décadas do século XX, tornou-se menos acentuada nos tempos modernos. A maior especialização significa que os geógrafos físicos e humanos tendem a seguir diferentes agendas e a fazer referência a diferentes conjuntos de literatura acadêmica e conhecimento. Essas tendências serão discutidas detidamente, e uma de nossas posições será defender a força e o valor duradouros da geografia integrada.

Fizemos o reconhecimento das principais fontes, mas devemos agradecimentos especiais a Seitse Los, por preparar as

GEOGRAFIA

imagens de satélite do Mar de Aral; a Giles Young, que escalou a montanha para fotografar a superfície frontal da geleira de Storbreen; e a Nicola Jones e Anna Ratcliffe, pelo excelente trabalho de desenhar, modificar ou, dito de outra forma, preparar todas as ilustrações na sua forma final. Também somos gratos a Andrea Keegan por seus *insights* e sugestões.

# Lista de ilustrações

As fontes estão listadas de forma completa na seção de referências ao final do livro.

1. Equipe de Robert Falcon Scott no Polo Sul em 18 de janeiro de 1912 (Scott Polar Research Institute)........................................... 19
2. Os três conceitos centrais da geografia: o espaço, o lugar e o ambiente............................. 34
3. As cinco principais fases no desenvolvimento da geografia..................................... 39
4. A geoecosfera.................................. 44
5. As anomalias climáticas durante um evento de El Niño no inverno do Hemisfério Norte (baseado em Glantz, 2001) ................................ 46
6. Os primeiros modelos de evolução da paisagem envolvendo um "ciclo de erosão"................. 53
7. O ciclo mineral em três dos maiores geoecossistemas florestais do mundo (baseado em Gersmehl, 1976) ....................................... 58

JOHN A. MATTHEWS ◆ DAVID T. HERBERT

8. Geleira do Holoceno e as variações climáticas em Jotunheimen, Noruega (baseado em Matthews; Dresser, 2007) .............................. 67

9. A geografia física: suas subdivisões específicas e os aspectos interdisciplinares ..................... 72

10. Paradigmas da geografia humana .............. 82

11. O modelo do lugar central de Christaller (baseado em Christaller, 1966) ..................... 86

12. A geografia humana: as subdivisões específicas e as ligações às disciplinas relacionadas........... 97

13. Uma paisagem rural no centro do País de Gales. . 100

14. A gentrificação de cidade do interior, Spitalfields, Londres (© Edifice) ........................ 117

15. Família de pastores após a enchente de 2005, Província do Nordeste, Quênia (© Dieter Telemans/ Panos Pictures) ............................ 127

16. Os três modelos da interação meio ambiente--humano (baseado em Knight, 1992) ........... 133

17. A irrigação do deserto utilizando água subterrânea bombeada (A © Corbis; B © Duby Tal/Israel Images)...................................... 138

18. Os indicadores-chave da mudança global durante o Antropoceno (baseado em Oldfield, 2005) .... 141

19. *Hotspots* de biodiversidade (baseado em Myers et al., 2000)................................... 143

20. As competências-chave da geografia............ 153

GEOGRAFIA

21. Seção de campo através de depósitos do período Quaternário, costa norte da Ilha de Maiorca (baseado em Rose; Meng, 1999)............... 160

22. Os mapas mentais de Adamsdown, Cardiff, País de Gales ................................... 164

23. Um modelo de difusão espacial (baseado em Hägerstrand, 1968) ......................... 170

24. A distribuição da riqueza plotada pelo WORLD-MAPPER, GIS.............................. 173

25. A retração do Mar de Aral monitorada por satélite (dados de resolução de 250 m obtido do Observatório da Terra da Nasa, e Estação Cobertura Global da Terra da Universidade de Maryland) .. 176

26. Al Capone, maio de 1932 (© Bettmann/Corbis) 190

27. Oxford Street, Londres, década de 1920 (© Bettmann/Corbis) ............................. 197

28. Superfície frontal da geleira de Storbreen, Jotunheimen, Noruega ......................... 201

29. A projeção do aquecimento do Ártico, 1990 a 2090 (baseado em Arctic Climate Impact Assessment, 2004) ................................ 205

30. O futuro da geografia (baseado em Matthews; Herbert, 2004) ............................. 215

O editor e o autor se desculpam por quaisquer erros ou omissões nessa lista. Se forem contatados, terão prazer em retificá-los na primeira oportunidade.

{15}

# Capítulo I
## Geografia: o mundo é o nosso palco

O que é a geografia? Uma resposta inicial a essa questão pode ser obtida discutindo a essência da geografia e identificando suas características distintivas. Uma parte dessa essência foi capturada por T. S. Eliot quando escreveu:

Não devemos cessar de explorar
E o fim de toda nossa exploração
Será chegar ao ponto do qual partimos
E conhecer esse lugar como pela primeira vez. (Eliot, Little Gidding, *Four Quartets*.)

Uma característica essencial da geografia que emerge nessa citação é o desejo de descobrir mais sobre o mundo no qual vivemos; registrar suas muitas partes, ir incessantemente ao encontro do desconhecido e do novo e sempre retornar às nossas raízes, ao lugar que escolhemos chamar de lar. Muito da história da geografia e muitos dos grandes marcos na história das civilizações tiveram seu início nesse impulso para explorar e compreender.

JOHN A. MATTHEWS • DAVID T. HERBERT

# Ecos do passado

Um breve olhar sobre o registro histórico mostra que a geografia sempre foi importante. Júlio César, escrevendo em 58 a.c., registrou algumas das características do norte da Europa relevantes para um general romano:

> Toda a Gália está dividida em três partes; dessas, uma é habitada pelos belgas, uma segunda pelos aquitanos, e uma terceira por um povo denominado celta, em sua própria língua, e gaulês, na nossa. Cada uma difere das outras na linguagem, costumes e leis...

> A geografia confina os helvécios em todas as direções. De um lado, o largo e profundo Ródano separa o país helvécio dos germânicos; do outro, a majestosa cordilheira do Jura situa-se entre os helvécios e os séquanos; e em um terceiro lado, o lago Genebra e o Reno separam os helvécios de nossa província. (César, *The Gallic War and other Writings*, 1957, p.1.)

Sua descrição está demarcando territórios, indicando marcadores centrais de limites e reconhecendo suas distinções humanas: está sendo produzido o que seria atualmente denominado geografia regional. Descrições regionais equivalentes identificariam hoje diferenças no interior e entre a União Europeia, a América, a China e o ex-bloco soviético, ou o mundo islâmico.

As primeiras geografias frequentemente eram descrições de partes do mundo menos conhecidas para informar uma "população doméstica". Heródoto, por exemplo, escreveu sobre os diferentes lugares no mundo romano, seus ambientes naturais

# Geografia

Figura 1. Equipe de Robert Falcon Scott no Polo Sul em 18 de janeiro de 1912: (da esquerda para a direita) dr. Wilson, capitão Scott, marinheiro (Taff) Evans, dr. Oates, e tenente Bowers. O negativo desta fotografia foi encontrado dentro da tenda na qual Scott e três de seus companheiros morreram.

e sua ocupação cultural. Os primeiros elaboradores de mapas traçavam as praias, os rios e as montanhas e apresentavam descrições informadas e de navegação sobre a superfície da Terra. Durante os impetuosos dias de exploração e descoberta, as geografias eram meios essenciais de comunicação entre os exploradores e o público geral, incluindo seus patrocinadores. A Sociedade Real Geográfica, fundada em 1830 em Londres, tornou-se um fórum central para o relato e a disseminação das grandes expedições daquele tempo. Esses relatos capturavam a imaginação popular, e exploradores como Livingstone, Stanley, Burton, Speke, Nansen, Shackleton, Scott (Figura 1) e Amundsen tornaram-se ícones da era da descoberta, ao lado

JOHN A. MATTHEWS • DAVID T. HERBERT

de navegadores como Colombo, Vasco da Gama e Cook, que alcançaram as partes mais distantes do mundo.

O texto que segue é parte do relato feito por David Livingstone quando, em 1856, navegou o Rio Zambeze abaixo e deu nome às Cataratas Vitória:

> Após navegar vinte minutos desde Kalai, vimos pela primeira vez as colunas de vapor, apropriadamente chamadas "fumaça", subindo a uma distância de oito ou nove quilômetros, exatamente como quando trilhas largas na relva são queimadas na África. [...] Toda a cena era extremamente bonita; as margens e ilhas ponteadas ao longo do rio são adornadas com vegetação silvestre. [...] Ali, imponente sobre tudo, está o corpulento baobá, do qual cada um dos enormes braços formaria o tronco de uma larga árvore. [...] As cataratas são circundadas nos três lados por cumes de 100 ou 120 metros de altura, cobertos por florestas, com solo vermelho aparecendo entre as árvores. (Livingstone, Missionary Travels and Researches, em *The Oxford Book of Exploration*, [1857] 1993, p.178-9.)

O principal objetivo de Livingstone na África eram apenas suas atividades missionárias, mas outros naquele tempo eram orientados por motivações comerciais, políticas e científicas. As terras anteriormente desconhecidas para os europeus estavam sendo descobertas, e novos fatos sobre a cobertura física da superfície da Terra, suas paisagens, ambientes e recursos estavam se tornando conhecidos. O processo de exploração geográfica, o seu relato e o detalhamento da superfície da Terra têm grande significado para a história da ciência. De fato, para a maior parte do tempo histórico, o progresso geográfico foi indistinguível daquele da ciência em geral.

## GEOGRAFIA

As primeiras linhas do relato de Charles Darwin sobre sua pesquisa científica durante a viagem do *Beagle* foram:

> Após ser duas vezes trazido de volta por fortes vendavais do sudoeste, o navio *Beagle* de Sua Majestade, um brigue de dez armas, sob o comando do capitão Fitz Roy, da Marinha Real, saiu de Devonport em 27 de dezembro de 1831. O objeto da expedição era completar o levantamento sobre a Patagônia e a Terra do Fogo, iniciada com o capitão King entre 1816 e 1830 – para o levantamento das praias do Chile, do Peru e de algumas ilhas do Pacífico –, e realizar uma cadeia de medições cronométricas em torno do mundo. (Darwin, *The Voyage of the Beagle*, [1845] 1968, p.1.)

Essa foi a viagem que inspirou Darwin a elaborar sua teoria da evolução que mudou o mundo científico. Essa teoria foi inspirada pelas variações geográficas nas espécies observadas, especialmente aquelas encontradas nas Ilhas Galápagos, mas o propósito original da viagem era elaborar mapas, cartas e descrições dessa parte do mundo. Esses mapas tinham um propósito. A maior parte era puramente funcional – ajudar a navegação, produzir dados acurados e pavimentar o caminho para expedições futuras –, e essa era a face prática da geografia naquele tempo.

Esse tipo de geografia fundamental era uma ciência prática, caracterizada por seu empirismo e verificação que ajudou a construir nosso conhecimento do mundo. Muito da exploração e do mapeamento era politicamente motivado. Ele estava fortemente associado ao imperialismo e às colônias, e às iniciativas de estender o poder de estados e organizações específicas.

JOHN A. MATTHEWS • DAVID T. HERBERT

Os mapas eram um meio de representar as demandas por territórios e demarcar crescentes esferas de influência. Relembrando sua infância vitoriana, o autor Stuart Cloete escreveu em sua autobiografia:

> De polo a polo a Union Jack [bandeira do Reino Unido] era chicoteada por vendavais árticos ou era mergulhada no calor tropical desse império no qual o sol nunca se punha. [...] "Britannia domina as ondas", a Pax Brittanica era uma realidade. Londres era o centro do mundo: nos atlas escolares infantis, país após país, continentes inteiros, foram pintados de vermelho com o domínio britânico inquestionável. (Cloete, *A Victorian Son*, [1923] 1972, p.1.)

Assim como ocorreu com o Império Romano antes dele, houve o subsequente declínio e queda, mas a disputa por terras e colônias era ajudada pela ciência da geografia e contribuía com ela. O último quarto do século XIX foi a Era do Imperialismo. Em 1875, 10% da África estava em mãos estrangeiras; por volta de 1900, a porcentagem havia crescido para 90%. A Grã-Bretanha liderava o redesenho do mapa da África, mas França, Alemanha, Bélgica, Portugal, Espanha e Itália, todos tinham uma parcela para atuar. Toda representação do mundo na forma de um mapa e toda viagem para novas terras refletiam agendas mais profundas. As questões diziam respeito à expansão de influência, o estabelecimento de controle e a apresentação de uma imagem adequada a um propósito particular. A geografia, dessa forma, sempre esteve preocupada com o "onde" das coisas e as suas relações no espaço. Os que elaboravam os mapas procuraram retratar essa qualidade, orientados

GEOGRAFIA

pelos rigores de seu método científico, mas os usuários e, talvez, responsáveis pelos mapas, estavam atentos ao seu poder para moldar a superfície da Terra.

Outro momento no tempo que revela a essência da geografia é dado pela trilha pioneira de 2.200 quilômetros feita pelos mórmons através dos Estados Unidos, chefiada por Brigham Young em 1847. Após meses de dificuldades, o grupo líder seguiu por uma abertura nas Montanhas Wasatch e olhou para baixo, para o Great Salt Lake. Um monumento marca o ponto onde Brigham Young obteve essa vista, olhou para baixo e disse: "Este é o lugar". Ele se tornou o ponto para a localização de Salt Lake City, para o título da música do estado de Utah e para a fundação da região da cultura mórmon; um lugar dotado de significado e simbolismo. O significado de um lugar como esse, que varia através do tempo dependendo das pessoas que o veem, o interpretam e o usam, é tão parte da geografia quanto as descrições factuais da superfície da Terra que os cartógrafos procuram retratar.

Uma outra dimensão importante da essência da geografia foi destacada pelo geógrafo George Perkins Marsh:

> Existem partes da Ásia Menor, do norte da África, da Grécia e mesmo da Europa Alpina, onde as operações colocadas em ação pelo homem trouxeram à face da Terra uma desolação quase tão completa quanto à da Lua. [...] a Terra está tornando-se rapidamente um lar impróprio para seus mais nobres habitantes. (Marsh, *Man and Nature, or Physical Geography as Modified by Human Action*, [1864], 1965, p.42.)

Sua citação aponta para uma preocupação constante da geografia com os ambientes naturais da superfície da Terra e com as modificações provocadas pelas ações humanas. Os impactos humanos, positivos ou negativos, têm sempre como característica a exploração de recursos, particularmente através do uso do fogo e outros tipos de tecnologia. É importante compreender que os impactos negativos não são meramente aqueles involuntários associados ao recente aquecimento global; eles têm sido frequentemente produzidos por ações negligentes e imprudentes.

## A geografia está em todo lugar

Hoje, a geografia tem impacto sobre nossas vidas cotidianas de múltiplas formas; a expressão "a geografia está em todo lugar" tem a intenção de refletir essa qualidade especial. Todas as coisas têm uma localização na face da Terra, seja ela expressa em termos de latitude e longitude, alguma forma de sistema espacial de referenciamento, seja simplesmente como a distância de casa, da escola ou do trabalho. Nós nos movemos na superfície da Terra de uma localização geográfica a outra. Algumas de nossas jornadas são curtas e frequentes, como a viagem diária para o trabalho ou a escola, outras são mais longas e raras, como a viagem de férias ou as visitas a parentes que moram a alguma distância.

Ademais, quando vamos a um supermercado ou shopping center, encontramos produtos e mercadorias trazidas de diferentes ambientes e partes do mundo. Existem bananas do Caribe, frutas cítricas da Flórida, do Brasil e da África do Sul, e uma gama de vinhos da França, da Espanha, do Chile, da Califórnia, da Austrália e da Nova Zelândia. Tudo isso proporciona vínculos com diferentes partes do mundo e suas geografias. Há outras dimensões para esses vínculos. Os grandes supermercados, por exemplo, definem padrões de segurança, de qualidade, e aspectos éticos da alimentação; argumenta-se que os supermercados são agora tão poderosos que a "governança alimentar" tem ecos de governança imperial. À medida que compramos, usamos e dispomos de mercadorias, bens e serviços, essas ações nos conectam a outras pessoas e outros lugares por maneiras que podem estar além de nossa imaginação. Se andarmos através de cidades grandes como Londres, Paris ou Nova York, encontraremos pessoas procedentes de muitas e diferentes partes do mundo; algumas, turistas ou visitantes em curtas estadas, outras, imigrantes ou refugiadas buscando uma nova vida. Finalmente, vivemos nossas vidas em espaços bem demarcados, como a casa, o bairro, a cidade ou o grande centro, a região ou o país. Esses são todos lugares geográficos conhecidos; os territórios que assumem grande importância em nossas vidas. A geografia, portanto, está em todo lugar e o estudo da geografia examina essas localidades, conexões, territórios, ambientes e lugares e busca compreender seus significados.

O tema da geografia é a superfície da Terra, incluindo a atmosfera imediatamente acima dela, as estruturas que ficam imediatamente abaixo, e os meios social e cultural constituídos pelas pessoas que a ocupam. Definições comuns de geografia capturam muitas dessas qualidades, embora de formas muito abruptas. Portanto, a geografia como o "onde" das coisas é um lugar-comum. "A geografia diz respeito a mapas, e a história diz respeito aos homens" é outro. Ademais, a geografia nos diz sobre o mundo e seus lugares. Muitos concordariam que em um mundo crescentemente interdependente e conectado, cercado por problemas de significância global, um entendimento de sua geografia é essencial. Os grandes temas atuais, como o aquecimento global, a mudança ambiental, os desastres naturais, os fluxos de refugiados, os níveis crescentes de poluição, o rápido ataque de epidemias e os crescentes conflitos, todos têm dimensões geográficas consideráveis.

## A emergência da geografia como uma disciplina universitária

Quando uma nova disciplina se estabelece nas universidades, sempre há problemas de identidade para resolver, e a história da geografia não é excepcional a esse respeito. O mapeamento no espaço geográfico percorreu um longo caminho no tempo, de forma que um princípio básico da geografia pertence a um passado distante. De forma similar, os conceitos geográficos essenciais podem ser encontrados nos escritos dos filósofos gregos, nos historiadores romanos e nos cartógrafos sumérios. A geografia, com a sua realidade empírica, era um elemento

GEOGRAFIA

discernível do crescimento do conhecimento, mas seus vários conceitos não foram definidos em conjunto em uma área temática integrada.

Há evidências da prática coerente da geografia nas universidades britânicas somente a partir do século XVI. Essa prática estava presente em uma variedade de programas de estudo e refletia uma riqueza de tradições intelectuais e disciplinas consolidadas. Relevantes sociedades de conhecimento, especialmente a Sociedade Real Geográfica (SRG), deram apoio, mas tendiam a concentrar-se fortemente nas prioridades históricas do mapeamento, da descoberta e da exploração. Mudanças importantes estavam no ar do século XIX. Na "Era dos Impérios", os mapas adquiriam novos significados, e as viagens e jornadas de descoberta tinham tanto interesse científico quanto político. Muitos tinham visto o trabalho de Darwin sobre a seleção natural como o catalisador dos estudos da geografia do ambiente natural. Mais diretamente, Halford Mackinder, o primeiro catedrático de geografia em Oxford, desenvolveu seu "Experimento Geográfico", que envolveu a integração do estudo da sociedade e do ambiente, e a manutenção da cultura e a natureza sob um guarda-chuva. Isso definiu a geografia naquele tempo e estabeleceu o desafio da compreensão das relações entre esses dois principais componentes da superfície da Terra.

Os desenvolvimentos no Reino Unido não ocorreram de forma isolada. Alexander von Humboldt e Karl Ritter lideraram movimentos em direção a uma nova geografia na

{27}

Alemanha, com o primeiro enfatizando os aspectos da superfície da Terra que criaram as paisagens naturais, e o segundo argu-
mentando pelo reconhecimento das regiões no mundo como o
lar do homem. As ideias europeias a respeito do impacto do
ambiente sobre as pessoas fez eclodir o debate sobre o determinismo, que se estendeu aos geógrafos estadunidenses. Os
geógrafos franceses estiveram fortemente interessados nos
panoramas culturais e nas regiões que refletiam as tradições e
as formas de vida. Todas essas novas formas de pensamento
sobre as pessoas, os ambientes e os significados das paisagens
foram desenvolvidas durante o século XIX e início do século
XX. Elas eram parte do fermento intelectual que seguiu as
ciências novas e o pensamento lateral do final do Iluminismo.

O Experimento Geográfico deu à geografia a oportunidade de se estabelecer como disciplina universitária. A amplitude de seus termos de referência era tanto uma força quanto
uma fraqueza. A força era que ela incluía a natureza e a cultura e a sua relação, um conceito que nenhuma outra disciplina
havia reivindicado. Essa amplitude permanece um tópico contestado na geografia moderna, apesar das oportunidades que
apresenta de uma relevância sempre crescente. A fraqueza é a
dispersão de interesse sobre um campo tão amplo e uma mentalidade de que "tudo vale". Essa fraqueza torna-se mais aparente quando diferentes partes da disciplina se relacionam com
diferentes tradições intelectuais. Os pontos de intersecção,
então, tornam-se escassos ou não existentes. É justo dizer que
a maior parte da geografia física evolui atualmente dentro de

GEOGRAFIA

uma estrutura de pesquisa das ciências matemáticas e naturais, enquanto a maior parte da geografia humana se delineia e se inter-relaciona com as tradições das humanidades e das ciências sociais. É possível reconhecer um espaço definido no qual a geografia humana e a física interagem, mas para muitos esse é um interesse minoritário.

A geografia é agora uma disciplina universitária bem consolidada. Tem uma presença regular nas universidades europeias e é também amplamente encontrada em programas tanto de graduação como de pós-graduação na maior parte do mundo. A União Geográfica Internacional possui membros em 75 diferentes países, incluindo, por exemplo, 27 no Japão, 14 na África do Sul, 10 na China, 5 na Índia, 4 no Peru e 1 em cada um dos seguintes: Marrocos, Filipinas, Sudão e Tanzânia. A pesquisa de avaliação de instituições de educação superior realizada no Reino Unido em 2001 registrou dados de 60 instituições, compreendendo mais de 450 pesquisadores acadêmicos ativos. A atual listagem de universidades e faculdades que oferecem programas de formação em geografia nos Estados Unidos mostra 217 instituições, e há outras 42 no Canadá. A tendência atual é a integração de departamentos de geografia a outros, intitulados como estudos das ciências ambientais, da Terra, ou humanas. Muitas dessas mudanças são muito cosméticas, uma vez que a pesquisa geográfica e os estudos de graduação continuam nessas novas unidades, e os estudantes que desejam estudar geografia encontrarão facilmente programas de formação adequados às suas aspirações.

JOHN A. MATTHEWS • DAVID T. HERBERT

## Os conceitos centrais da geografia

O quão importante é, então, a geografia? Esperamos que sua importância fundamental esteja clara agora, e a próxima questão seja: "Onde estão os seus conceitos centrais?".

A geografia sempre esteve envolvida na análise do *espaço* e esse ponto fornece o primeiro conceito central. O espaço geográfico compreende a localização, ou onde nós estamos na superfície da Terra em relação às coordenadas geográficas; as distâncias medidas em uma variedade de formas e as orientações que completam as inter-relações de diferentes localizações na superfície da Terra. Um corolário central do foco sobre o espaço geográfico têm sido as formas de descrever a superfície da Terra. Os mapas, a cartografia e, mais recentemente, as imagens de satélite, qualificadas por escalas e formas de representação, são as ferramentas de trabalho para grande parte da análise geográfica.

Para o cartógrafo ou topógrafo, o espaço é um absoluto, e a ciência é aquela que o descreve com o detalhe correto. Os geógrafos enfrentaram o problema básico de descrever uma Terra esférica em uma folha plana de papel, e o desenvolvimento das projeções de mapa resume esse processo. O resultado específico é de concessões; opta-se pela distância verdadeira, ou pela área verdadeira, mas os dois juntos não são atingíveis. A seminal projeção de mapa de Mercator no século XVI, na qual os pontos da bússola sempre mantinham a orientação verdadeira, definia a referência. Os geógrafos humanos descobriram que

GEOGRAFIA

o espaço é frequentemente mais útil representado em termos relativos. Para alguém que deseja ir a uma loja, por exemplo, 30 quilômetros é um obstáculo importante para andar, mas é de muito menor importância se ele ou ela tem acesso a um carro. As distâncias são mediadas pela acessibilidade e isso pode ser oferecido tanto pelo tipo de terreno quanto pelo tipo de pessoa; as áreas planas são mais fáceis de manejar do que as encostas íngremes. Podemos argumentar que a distância linear medida *per se* não é significativa, a menos que ela seja qualificada por condições desse tipo.

O *lugar* é outro conceito central em geografia. O lugar não é independente do espaço, pois envolve uma área ou território; é uma forma de espaço demarcado. O lugar pode ser aplicado a uma variedade de escalas de um estado ou país, a um bairro ou uma área doméstica. Portanto, o lugar inclui a busca por contornos, bordas e limites que contêm um território definível e reconhecido. Quando se descrevem as diferenças entre os lugares, o foco pode estar nos contornos naturais, como rios ou cadeias de montanhas, mas contornos também são estabelecidos por homens tomadores de decisão com a intenção de identificar estados políticos ou arbitrar entre territórios em disputa. Os limites físicos nem sempre são inequívocos e a lição da história é que as maiores disputas e conflitos podem emergir sobre a designação de parcelas relativamente pequenas de terra. A geografia também inclui os mapas mentais e as imagens que definem lugares subjetivamente. Os residentes de um bairro, por exemplo, podem ter a demanda por delinear

JOHN A. MATTHEWS • DAVID T. HERBERT

os limites de área de suas casas ou construir seus mapas mentais da cidade na qual vivem. As pessoas adicionam significados especiais e, em geral, individuais aos lugares, como o lugar onde passaram a infância ou o lugar que associam a um evento especial. Diferentes pessoas de diferentes culturas podem perceber e interpretar a mesma área da superfície da Terra de diferentes formas.

Em resumo, existem significados associados a lugares: esses significados podem ser afetivos e emocionais, o que não possibilita uma fácil mensuração. Existe, por exemplo, um interesse crescente em lugares literários que foram os cenários de romances de ficção ou eram as localidades em que escritores viveram e trabalharam. Tais lugares atraem agora muitos visitantes que são tão interessados nos cenários de ficção e nos personagens que os habitavam quanto na vida real dos autores. Haworth, em Yorkshire, por exemplo, onde a família Brontë viveu, atrai muitos visitantes, mas muito da atração da vizinha Moors reside no fato de que os personagens fictícios de Heathcliff e Catherine Earnshaw andavam por ali. De maneira semelhante, John Fowles deu ao cais do porto denominado Cobb em Lyme Regis um novo significado após a filmagem de seu livro *A mulher do tenente francês* (*The French Lieutenant's Woman*). Esses exemplos ilustram a diversidade do conceito de lugar: pode ser uma área precisa medida no chão, como um campo ou uma floresta, mas pode também ser uma imagem subjetiva ou uma localidade bem definida imbuída de um significado especial. Um campo de futebol ou outro local esportivo pode ser visto de ambas as formas: ele é mensurável e precisamente definido, mas pode também ser um lugar icônico, lembrado como a cena de conquistas notáveis e constitutivas de parte da vida cultural de milhares de pessoas.

O *ambiente* é o terceiro conceito central para a geografia. Em sua mais inequívoca interpretação, é o ambiente natural, mas esse ambiente é ocupado por pessoas, e nesse sentido ele tem um significado mais amplo. O ambiente, como o lugar, abrange percepções humanas e aspirações, assim como as caraterísticas biofísicas que podem ser medidas e monitoradas. A forma da superfície da Terra e os processos promovidos sobre ela, tanto físicos quanto humanos, são parte da essência da geografia. Da mesma forma, a relação recíproca entre o ambiente natural e as pessoas foi e permanece uma questão fundamental. A ênfase mudou ao longo do tempo, das ideias iniciais que sugeriam limitações ambientalmente determinadas sobre as pessoas à maior consciência do impacto humano sobre o ambiente natural. Os temas correntes da sustentabilidade, a proteção do meio ambiente, os protocolos para redução dos buracos da camada de ozônio, e as cúpulas mundiais para limitar o uso dos combustíveis fósseis, todos pertencem ao imperativo para compreender e administrar essa relação central. Os geógrafos argumentariam que eles sozinhos enfocam uma visão holística, e que essa é uma visão da importância crescente em um mundo em que temas como a mudança ambiental e a globalização se tornam prementes.

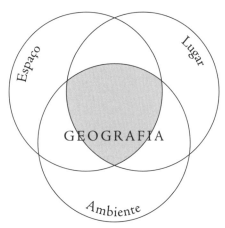

Figura 2. Os três conceitos centrais de geografia: o espaço, o lugar e o ambiente. A essência da geografia (sombreado) é uma integração da variação espacial sobre a superfície da Terra com a distinção de lugares e interações entre pessoas e seus ambientes.

Os três conceitos centrais de espaço, lugar e ambiente podem ser identificados como as preocupações centrais da geografia (Figura 2); seus vínculos mantêm o tema unido e lhe dão significado.

Definindo a geografia contemporânea

Já foram mencionadas algumas breves definições de geografia; agora, é útil considerar algumas definições mais formais e examinar o grau de consenso existente. Nossa própria definição, retirada de uma publicação anterior, é a que segue:

> A geografia é o estudo da superfície da Terra. Ela envolve os fenômenos e os processos dos ambientes e paisagens humanas e naturais da Terra em escalas locais a globais. Sua divisão básica está entre a geografia física, que

é inequivocamente uma ciência e analisa a cobertura física da superfície da Terra [...] e a geografia humana, na qual o foco está na ocupação humana dessa área. (Herbert; Matthews, Geography, em *The Encyclopaedic Dictionary of Environmental Change*, 2001, p.255.)

Essa é uma citação bastante longa, mas outras definições mais sucintas seguem linhas semelhantes. O geógrafo estadunidense Edward Ackerman enfoca a ideia de um sistema e a interação entre as pessoas e a natureza:

O objetivo da geografia é nada menos que uma compreensão do vasto sistema de interação formado por toda a humanidade e seu meio natural na superfície da Terra. (Ackerman, Where Is a Research Frontier?, *Annals of the Association of American Geographers*, v.53, p.435, 1963.)

Outro geógrafo estadunidense expressa o grande alcance da geografia e o seu caráter abrangente: aqui está uma forma de olhar para a Terra em toda a sua diversidade:

A geografia é a ciência do lugar, sua visão é ambiciosa, sua vista é panorâmica. Ela alcança a superfície da Terra, mapeando seus domínios físicos, orgânicos e culturais. (*Science*, resenha do livro *Geography Book* (1995), de Harm de Blij.)

As duas últimas definições, novamente de geógrafos estadunidenses, enfatizam a natureza científica da geografia e os processos interativos que operam no espaço e no ambiente:

A geografia é uma disciplina centrada na compreensão das dimensões espaciais dos processos sociais e ambientais. (White, Geography, em *Encyclopedia of Global Environmental Change*, 2002, p.337.)

{35}

JOHN A. MATTHEWS • DAVID T. HERBERT

A geografia é o estudo e a ciência das dinâmicas ambiental e societal, e das interações sociedade-ambiente. (Gaile; Willmott, *Geography in America at the Dawn of the 21st Century*, 2003, p.1.)

Essas definições não estão muito distantes. Elas invocam os conceitos centrais e enfatizam o papel integrador que dá à geografia seu significado especial. Muitas vezes, na história da geografia, um conceito central específico pode ter sido enfatizado mais que outros, mas todos os três têm coexistido e formam o núcleo do assunto. Da mesma forma, entre a geografia física e a humana, uma maior ou menor ênfase pode ser dada a conceitos particulares para propósitos específicos, e sua interpretação exata pode variar. Nos tempos modernos, há uma grande consciência de que os "fatos" da geografia não são categóricos; eles significam coisas diferentes para pessoas diferentes, em diferentes pontos no tempo. O conceito de lugar, por exemplo, moveu-se de uma simples demarcação de área para um estudo dos valores afetivos dos quais eles são imbuídos. Essa aceitação das ambiguidades no significado da geografia é, nela mesma, um atributo positivo que abre novas linhas de compreensão.

A geografia (Figura 2) deveria, portanto, ser pensada como o nexo no qual os três conceitos centrais – espaço, lugar e ambiente – se sobrepõem. O espaço, o lugar e o ambiente, tais como nós os definimos e como serão ainda elaborados nos capítulos seguintes, são uma parte necessária da disciplina. Nenhum é suficiente, em si mesmo, para definir a geografia. Por isso, a essência da geografia é representada pela área sombreada na

Figura 2. Existe um único termo para descrever essa área integrada? Possivelmente não, mas o conceito de paisagem chega próximo de definir esse nexo que é a geografia. Há duas metáforas que ajudam a iluminar essa afirmação. A primeira é a ideia de que a paisagem tem as qualidades de um palimpsesto. Literalmente, um palimpsesto tem a forma de um papiro que, antes do surgimento do papel, era redigido muitas vezes. Embora o objetivo fosse apagar a escrita prévia, ela inevitavelmente deixava seus traços. Uma paisagem pode ser vista da mesma forma. Ela foi escrita muitas vezes, tanto por processos humanos quanto físicos, mas os traços do passado são ainda discerníveis. A segunda metáfora é fornecida pelo geógrafo humano francês Vidal de la Blache, que comparou a paisagem a "um molde de medalha fundido à imagem de seu povo". Para ele, o registro da ocupação da terra pelas pessoas por longos períodos de tempo poderia ser lido pelo estudo da paisagem. A evidência poderia ser, por exemplo, um sítio arqueológico, um padrão de campos ou a forma de um assentamento. Assim, a paisagem se aproxima do nexo da geografia. O estudo das regiões como partes integradas da superfície da Terra, que combinam a natureza e a cultura, pode ser visto da mesma forma.

Nenhuma outra disciplina focaliza o nexo espaço-lugar--ambiente. Esse tem sido o foco da geografia no decorrer de sua história e ainda hoje define o seu papel. Ao mesmo tempo, a geografia se desenvolveu. Muito mudou nas formas como os conceitos específicos são interpretados e a pesquisa é desenvolvida. A Figura 3 desenha o amplo caminho dessas mudanças,

JOHN A. MATTHEWS • DAVID T. HERBERT

as principais fases pelas quais a geografia atravessou e as divergências e tensões que emergiram recentemente. A fase 1 foi o longo período até meados do século XIX, quando os exploradores e elaboradores de mapas esboçaram as propriedades do mundo conhecido. O início do século XX, a fase 2, testemunhou o estabelecimento de uma identidade para a disciplina da geografia dentro das universidades, fundada no seu papel de ligação entre a natureza e a cultura. Durante a primeira metade do século XX, a fase 3 mudou o foco em direção aos estudos regionais e às paisagens humanas; e a fase 4, datada das décadas de meados do século XX, viu a clara emergência de subdisciplinas dentro das amplas categorias do físico e do humano. A fase 5, que teve início durante as décadas finais do século XX, nos trouxe, através dos tempos modernos e da crescente diversidade de um amplo campo de estudo, a geografia contemporânea que vamos procurar iluminar.

Dentro da prática da geografia contemporânea, muitos componentes tradicionais, como os mapas, são ainda importantes, pois o sensoriamento remoto por satélite, às vezes conhecido como Observação da Terra, Sistemas de Informação Geográfica (GIS, na sigla em inglês) e outros poderosos métodos quantitativos foram adicionados ao campo de trabalho tradicional e ao método comparativo. Os conceitos centrais estabelecidos de espaço e lugar foram transformados, ao menos na geografia humana, pela teoria moderna social e cultural. A necessidade de compreender os ambientes biofísico e humano das pessoas e as suas interações está se tornando cada

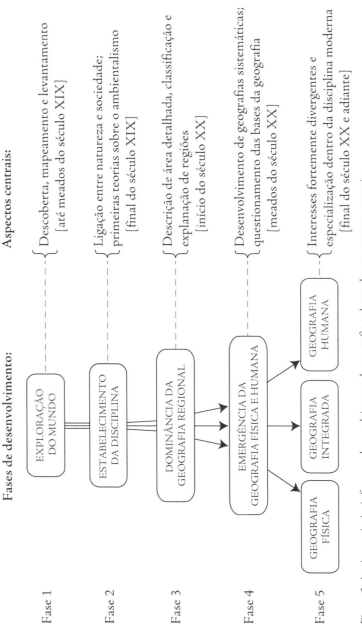

Figura 3. As cinco principais fases no desenvolvimento da geografia e alguns de seus aspectos centrais.

JOHN A. MATTHEWS • DAVID T. HERBERT

vez mais urgente, à medida que os temas da sustentabilidade e da proteção e preservação do planeta Terra tornaram-se imperativos. À medida que a integração no interior da geografia como um todo enfraqueceu, a geografia física e a geografia humana tornaram-se mais especializadas e adotaram enfoques distintos para muitos de seus problemas de pesquisa. Mais importante, a geografia física está afirmando suas credenciais científicas, enquanto a geografia humana enfatiza a teoria crítica, os valores e a ética.

A exploração geográfica moderna e a descoberta, portanto, são distintas dos dias de Cristóvão Colombo, David Livingstone ou Robert Falcon Scott, mas são tão importantes quanto eram. Ainda há expedições, tais como aquelas conduzidas pela Sociedade Real Geográfica a Mato Grosso, no Brasil, nos anos 1960, à floresta tropical Mulu em Sarawak, nos anos 1970, e às Areias de Wahiba no Sultanato de Omã, nos anos 1980. Elas são agora comumente denominadas "projetos de pesquisa", ainda que seus propósitos exploratórios permaneçam. O objetivo do Projeto Areias de Wahiba, por exemplo, era examinar o mar de areia das Areias de Wahiba como um completo geoecossistema, incluindo as próprias areias, os recursos biológicos e o povo. Talvez a principal diferença do modelo tradicional foi que ele conduziu a um plano de administração para o desenvolvimento sustentável.

A geografia moderna forma um componente essencial, não apenas às ciências sociais e às naturais mas também às humanidades. Ainda há expedições para o desconhecido, mas a geografia mudou à medida que o que é "conhecido" mudou. Os computadores, os laboratórios e as bibliotecas são agora tão indispensáveis aos geógrafos quanto os mapas e o trabalho de campo. E, para muitos dos geógrafos comportamentais e culturais, em específico, as *terrae incognitae* dos primeiros exploradores foram substituídas por aquelas da mente humana. No entanto, os primeiros passos de Neil Armstrong na Lua mostram que ainda há potencial para a exploração tradicional e, talvez, nesse sentido, o espaço possa, de fato, provar que é a "última fronteira".

# Capítulo 2
## A dimensão física: os nossos ambientes naturais

O estudo do ambiente natural sempre foi uma parte essencial da geografia e ele é o foco deste capítulo. A geografia física pode ser definida como a ciência ambiental natural da superfície da Terra. Mas quais são as suas características e como elas se desenvolveram? Como a geografia física interage com as outras ciências que investigam os ambientes naturais da Terra e qual é exatamente o seu papel especial?

### A geoecosfera: o campo de atuação

Pensar a superfície da Terra como a "geoecosfera" – a estreita zona de superfície que compreende todas as paisagens da Terra – é útil na definição do escopo global da geografia física, como está descrito na Figura 4 (A). A geoecosfera pode ser subdividida em seis esferas componentes, cada uma tendo atraído seus próprios geógrafos físicos especializados. Dessa forma, a topografia da superfície da Terra (toposfera) pode ser vista como o foco para a geomorfologia; a totalidade da vida na Terra (biosfera) é o foco da biogeografia; e as camadas mais

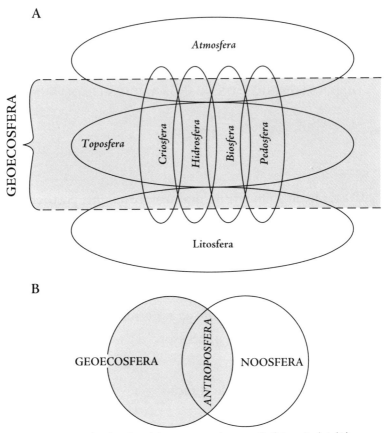

Figura 4. A geoecosfera (sombreada) – o assunto da geografia física – inclui: (A) a geoecosfera natural e suas esferas componentes; e (B) a geoecosfera influenciada pelo humano, ou antroposfera.

baixas do envelope gasoso (atmosfera) são o foco da climatologia. Outras importantes esferas identificadas na Figura 4 (A) são a pedosfera, que envolve a cobertura do solo da Terra; a hidrosfera, que incorpora a água líquida nos rios, lagos, oceanos e lençóis freáticos; e a criosfera, o mundo da neve, do gelo e do solo "congelado".

GEOGRAFIA

Outros cientistas estão, obviamente, interessados nessas "esferas". A toposfera, por exemplo, é influenciada em grande parte pelas rochas subjacentes à litosfera, que é estudada, principalmente, por geólogos, geofísicos e geoquímicos. Os cientistas atmosféricos – meteorologistas, físicos atmosféricos e químicos atmosféricos – estudam a atmosfera, incluindo suas camadas superiores, pelas quais os geógrafos físicos têm menor interesse. Os botânicos, zoólogos e ecologistas investigam a bioesfera, e os edafólogos, hidrólogos, glaciólogos e outros se especializam nas outras esferas antes mencionadas. O que diferencia a geografia física desses outros campos científicos é o foco nos padrões espaciais sobre a paisagem e as suas dinâmicas subjacentes, desde as escalas locais, as regionais, até as globais. Os padrões de escala local incluem, por exemplo, as formas de encostas e os contornos dos vales, os rios sinuosos, a distribuição das matas e o clima urbano. Em escalas regionais, as cadeias de montanhas, as maiores bacias de rios e as zonas climáticas ganham proeminência; ao passo que, em escala global, o aquecimento global, o desmatamento e a perda da biodiversidade e as interações entre o sistema Terra-oceano--atmosfera estão entre os tópicos investigados.

Os geógrafos físicos investigam não apenas a variação de lugar para lugar nas várias esferas mas também as interações entre as diferentes esferas e suas mudanças através do tempo. Os eventos do El Niño fornecem um bom exemplo das interações em muitas escalas no espaço e no tempo. Denominados segundo a corrente oceânica aquecida El Niño, que surge na

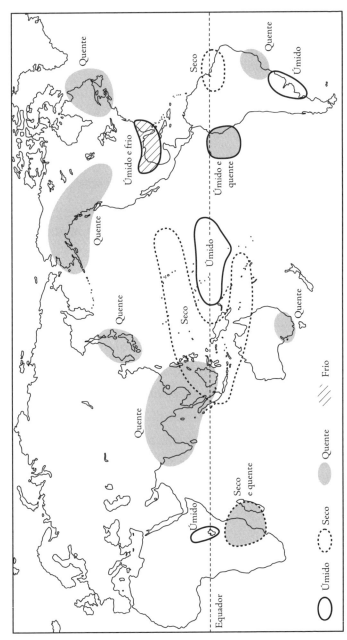

Figura 5. As típicas anomalias climáticas durante um evento do El Niño no inverno no Hemisfério Norte.

costa do Equador e no norte do Peru logo após o Natal, esses eventos periódicos começam nos trópicos com um intenso aquecimento da superfície das águas do Oceano Pacífico equatorial e são propagados em torno do globo produzindo efeitos de alcance mundial. Os efeitos típicos de um evento do El Niño no inverno do Hemisfério Norte estão mapeados na Figura 5. Eles incluem as secas na Indonésia, no leste da Austrália e no sul da África, enquanto tempestades severas e inundações ocorrem ao longo da costa do Equador e do Peru, e através dos estados do Golfo da América do Norte.

Embora a geografia física seja definida pela sua ênfase nos padrões espaciais e processos espaciais na geoecosfera, a atividade humana também tem um papel importante. A fina "pele" da superfície do planeta Terra é o ambiente natural da qual a espécie humana é parcialmente, se não inteiramente, dependente. O que distingue os humanos do resto da biosfera, entretanto, é a capacidade consciente de criar seus próprios ambientes culturais e tecnológicos.

Portanto, é possível reconhecer uma esfera da atividade mental humana, que foi denominada "noosfera". Ela está apresentada na Figura 4 (B) ao lado da geoecosfera natural. A sobreposição dessas duas esferas representa a geoecosfera modificada pelo humano, ou antroposfera. Nesse ponto reside uma conexão entre a geografia humana e a física, e é nesse sentido, ao menos, que o ambiente natural pode ser observado como a base física da geografia.

JOHN A. MATTHEWS • DAVID T. HERBERT

À medida que os impactos humanos sobre o ambiente natural aumentam inexoravelmente, é mais difícil diferenciar uma geoecosfera de uma antroposfera. A maior parte da superfície da Terra e suas esferas componentes são impactadas tanto pelas interferências humanas quanto pelas naturais de vários tipos. A agricultura afeta atualmente, de forma regular, por volta de 45% da superfície terrestre da Terra; a silvicultura, por volta de 10%; o transporte, 5%; o desenvolvimento urbano, 3%; e a extração mineral, 1%. Mesmo as atividades militares afetam ou têm recentemente afetado uma área considerável, variando de 1% dos Estados Unidos a 40% do Vietnã. Isso não significa que *toda* a geografia física está voltada para os impactos ambientais humanos ou que há uma base ambiental física para *toda* a geografia humana, mas que a natureza da interação deve ser sempre considerada.

## O desenvolvimento inicial da geografia física

Entre seus primeiros fundadores, o mais eminente defensor da geografia física como uma entidade científica foi, indubitavelmente, o polímata alemão Alexander von Humboldt. Em suas muitas viagens, ele combinou observações com medidas de temperatura, pressão e o campo magnético da Terra e fez generalizações sobre a distribuição geográfica da vegetação, padrões de temperatura de escala global (definidos nos mapas por isotérmicos), as formas nas quais a temperatura cai e a vegetação varia com a altitude crescente (no Tenerife, nas Ilhas

Canárias, por exemplo), o alinhamento dos vulcões e o curso das correntes do oceano. Em seus principais trabalhos, escritos por volta de meados do século XIX, tal como *Cosmos: um esboço da descrição física do Universo*, publicado em 1849, ele enfatizou não apenas as relações internas à geoecosfera natural mas também as ligações com as sociedades humanas. Um ano antes, Mary Somerville, estabelecida na Universidade de Oxford, publicou *Physical Geography*, definindo o assunto como "uma descrição da Terra, do mar e do ar, com seus habitantes animais e vegetais, da distribuição desses seres organizados e das causas dessa distribuição".

Outra importante influência inicial foi a publicação em 1859 de *A origem das espécies por meio da seleção natural*, de Charles Darwin. Esse trabalho teve profundos efeitos sobre todas as ciências ambientais naturais, incluindo a geografia física. Visões que observaram a geoecosfera como harmonicamente integrada, mas essencialmente estática, tinham que se adaptar a uma superfície da Terra em constante mudança e em contínuo ajuste e desenvolvimento. Assim, a *Physiography*, de Thomas Huxley, publicada em 1877, enquanto desenvolvia seu tema com referência particular à Bacia do Tâmisa no sudeste da Inglaterra, enfatizava as cadeias de conexões causais entre os vários componentes naturais da paisagem dentro de uma estrutura evolutiva.

Por volta do início do século XX, o conceito de um "ciclo de erosão", também denominado "ciclo geográfico", foi desenvolvido em particular pelo geógrafo estadunidense William

Morris Davis (ver o quadro a seguir). Ele usou a ideia de que as formas de relevo representam vários estágios em uma sequência da "juventude", à "maturidade" e à "velhice". Isso provou ser a teoria dominante na geomorfologia para a metade seguinte do século. Embora a paisagem geomorfológica fosse vista como o produto da estrutura (a geologia subjacente), do processo (basicamente a água corrente erodindo a superfície) e da etapa (a idade da paisagem e, consequentemente, sua etapa dentro do ciclo), era a ênfase na "etapa" a de máxima importância, uma vez que tão pouco era conhecido quanto aos efeitos dos processos geomorfológicos sobre a estrutura geológica subjacente. Os modelos evolucionários ou desenvolvimentais foram elaborados em outros ramos da geografia física. Um ecologista estadunidense, Frederick E. Clements, cunhou o termo "clímax climático" para a etapa terminal de uma sucessão de comunidades vegetais. Seu papel na biogeografia foi similar ao de Davis na geomorfologia. Na climatologia, ideias similares foram desenvolvidas para explicar os padrões de mudança climática, que estão destacadas à frente.

---

### O ciclo da erosão

William Morris Davis previu um ciclo de erosão que iniciou pela elevação da superfície do solo. Isso foi seguido inicialmente pela rápida incisão dos rios e posteriormente pelo alargamento dos vales. O padrão geral era de encostas curvas (côncavo-convexo) declinando de forma angular e terminando em uma paisagem de baixo relevo, conhecida como peneplanície (até que a elevação renovou a paisagem e o ciclo iniciou novamente). Os fundamentos desse modelo estão apresentados na Figura 6 (A). Os efeitos que não se adequavam ao chamado "ciclo normal", tais como os relevos da terra produzidos pela glaciação, eram vistos como "acidentes climáticos", apesar de os ciclos diferentes da erosão terem sido mais tarde propostos para regiões com climas que diferiam das regiões dos Estados Unidos e da Europa amplamente temperadas e com domínio fluvial, onde o modelo original foi desenvolvido. Um desses modelos alternativos, que foi pensado como o mais apropriado para as regiões semiáridas do sul da África, preconizou a retração paralela das encostas, em vez do declínio davisiano das encostas [Figura 6 (B)]. De acordo com esse modelo, as encostas íngremes e os extensos remanescentes da superfície inicial do solo permaneceram no final do ciclo.

Embora eles enfocassem os pensamentos dos geomorfólogos sobre a ideia da mudança sistemática no tempo, tais "ciclos" eram também uma limitação. Esses modelos teóricos eram muito simples em relação à evolução complexa das paisagens reais. Em particular, paisagens não permanecem estáveis o suficiente para a complementação do ciclo inteiro devido às forças tectônicas que controlam a elevação e às mudanças ambientais que afetam os processos na superfície da Terra. As ideias modernas sobre a evolução da paisagem dão muito maior atenção a como as paisagens reagem às condições de mudanças, às taxas de mudança de paisagem no passado e à resposta da paisagem a uma provável mudança ambiental futura.

Embora esses desdobramentos na geografia física tenham sido movimentos na direção de uma abordagem mais focalizada e científica, a geografia física também teve papel importante na geografia regional, que se tornou o tema dominante dentro da geografia como um todo durante a primeira metade do século XX. Em publicações sobre geografias regionais, um amplo relato descritivo era fornecido, desde a base física até a ocupação humana e o uso de partes distintas da superfície da Terra. Tais relatos geralmente tomavam a forma de capítulos sobre relevos, clima, vegetação e solos.

Por volta do fim da primeira metade do século XX, portanto, a geografia física desenvolvia-se apenas lentamente. A principal área de progresso estava na classificação global de relevos, climas, vegetação e os outros fenômenos que formam a superfície da Terra. A base do conhecimento estava sendo ampliada e organizada. As características e a diversidade das formações vegetais, dos tipos climáticos e dos conjuntos de relevos estavam sendo catalogadas de forma mais completa. Embora as classificações estivessem frequentemente associadas – tipos climáticos a formações vegetais, por exemplo –, havia pouca iniciativa para compreender os processos centrais na superfície da Terra que sustentavam esses fenômenos. As tentativas anteriores de desenvolver uma geografia física integrada da geoecosfera estavam sendo amplamente esquecidas.

## Novas orientações

À medida que o interesse na geografia regional tradicional diminuía, por volta de meados do século XX, ocorria um rápido crescimento e diversificação internos à geografia física. Esse ponto de largada na emergência da geografia física

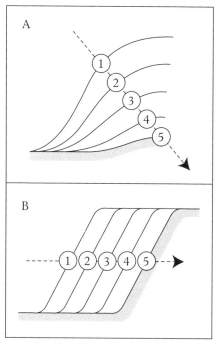

Figura 6. Os primeiros modelos de evolução de paisagem envolvendo um "ciclo de erosão": (A) declínio de encosta (o modelo davisiano) em ambientes temperados; e (B) retração de encosta, mais aplicável em ambientes semiáridos. Os números indicam etapas sucessivas na evolução das encostas.

moderna pode ser atribuído a dois principais desenvolvimentos inter-relacionados: primeiro, a "revolução quantitativa" na geografia como um todo, que trouxe uma ênfase explícita no método científico; e, segundo, a "revolução dos processos" interna à própria geografia física, que trouxe maior compreensão dos processos que produzem as características variáveis da superfície da Terra. Ambos os desenvolvimentos conduziram os geógrafos físicos, uma vez mais, a buscar inspiração substantiva e metodológica nas ciências ambientais naturais relacionadas.

## Os processos na superfície da Terra

A justificativa para focalizar o "processo" em vez da "forma" era que, para explicar os padrões espaciais na superfície da Terra e a dinâmica da geoecosfera, é essencial uma compreensão dos processos e mecanismos. Não é suficiente, por exemplo, propor modelos de ciclo de erosão, como os descritos na Figura 6, sem compreender os processos que estão afetando as encostas. Tais ideias eram realmente revolucionárias porque elas modificavam de forma fundamental toda a geografia física. Ao investigar os processos diretamente, os geógrafos físicos demonstraram que muitas das primeiras inferências sobre a natureza da paisagem estavam incorretas. Os geomorfólogos fluviais caminhavam dentro dos rios para medir a velocidade e a descarga, os geomorfólogos glaciais cavavam túneis nas geleiras para observar os efeitos da erosão em seu leito e os geomorfólogos do deserto usavam túneis de vento para estudar os depósitos de dunas de areia de forma experimental. A descrição e a classificação dos fenômenos na superfície da Terra foram cada vez mais substituídas por medições, monitoramentos, análises e modelagens dos processos formativos.

Apesar de manter uma "participação menor" dentro da geografia física, a climatologia pode ganhar o crédito por ter liderado o caminho na revolução dos processos. Os efeitos dos processos meteorológicos são claramente aparentes em padrões climáticos regulares diários e sazonais. Tanto as condições medianas de longo prazo quanto os eventos extremos de

# Geografia

curta duração que constituem o clima são relativamente fáceis de observar. Havia uma longa tradição de medição e monitoramento dos elementos meteorológicos – temperatura, pressão, precipitação e vento: de fato, redes de estações meteorológicas nacionais e internacionais estavam operando sobre boa parte da superfície da Terra. Os climatologistas eram, além disso, familiarizados com os princípios físicos dos processos meteorológicos subjacentes e usavam rotineiramente a estatística básica para resumir seus dados. Enfocar os processos era, portanto, um salto prático e conceitual menor para a climatologia. O resultado foram explanações sobre os padrões climáticos baseados na circulação geral da atmosfera, conduzidos pela energia do Sol e incorporando padrões de circulação de menor escala, como as depressões de latitudes médias, e modificados pelos efeitos locais e regionais, tal como a topografia e as características de superfície. Hoje, o conhecimento desses processos é usado como um subsídio fundamental para compreender as mudanças climáticas que ocorrem no início do século XXI (tal como discutido nos capítulos 4 e 6).

A geografia do solo ilustra bem a importância dos processos para a geografia física através da vinculação de diferentes tipos de solo aos distintos ambientes nos quais se formam. Vários processos de formação de solo transformam a cobertura de material não consolidado da superfície da Terra (o regolito) em solo produtivo. Cada um envolve um conjunto de transformações físicas, químicas e/ou biológicas, e a sua eficácia varia nas diferentes partes do mundo. A lixiviação, por exemplo,

{55}

refere-se à remoção de constituintes solúveis dos horizontes superiores do solo: ela requer uma percolação descendente da água através do solo e ocorre comumente onde a chuva excede a evaporação. A eluviação, a mobilização de argila nos horizontes superiores e a sua redeposição no subsolo, é mais bem desenvolvida em climas úmidos com uma estação seca. Em contraste, o movimento ascendente de sais solúveis (salinização) e a sua acumulação no perfil do solo são característicos de terras áridas e semiáridas, onde há chuva insuficiente para lavá-las. Os sais são compostos nas águas subterrâneas pela ação da capilaridade e deixados para trás com a evaporação da água. O não entendimento desses processos que ocorrem no solo leva ao pouco entendimento da variabilidade dos solos do mundo. Além disso, quanto maior a nossa compreensão dos processos formativos do solo, mais provável que o manejo e a conservação do solo sejam eficazes, a sua produtividade, mantida e a sua degradação, minimizada.

## Sistemas

A adoção generalizada de um "enfoque dos sistemas" desenvolveu-se a partir da "revolução dos processos". Em geral, um sistema pode ser definido como um conjunto de objetos em conjunção com suas inter-relações. Um enfoque de sistemas minimiza os objetos individuais e coloca a inter-relação entre eles no centro. Compreender as inter-relações dentro de um sistema requer naturalmente considerar não apenas

GEOGRAFIA

as conexões estruturais mas também como elas estão funcionalmente relacionadas: como consequência, os processos são centrais para a compreensão de qualquer sistema. Outro importante aspecto de um enfoque de sistemas é a indefinição de limites – pois cada sistema é conectado ao seguinte. Muitos tipos diferentes de sistemas da superfície da Terra podem ser reconhecidos no interior da geoecosfera e suas esferas componentes, e eles são todos interconectados a um grau maior ou menor na paisagem. Um enfoque de sistemas é, portanto, aplicável em toda a geografia física em uma ampla gama de escalas, da explanação de fenômenos particulares na paisagem ao entendimento da dinâmica de como toda a geoecosfera opera. Sua adoção pode também ser vista como um anúncio de um retorno para uma geografia física mais integrada.

Uma das primeiras e mais influentes aplicações do enfoque de sistemas na geografia física foi a adoção do conceito de ecossistema pelos biogeógrafos. Um ecossistema inclui um conjunto de organismos junto com suas interações e relações ambientais. Ao cunhar o termo e desenvolver o conceito, os ecologistas enfocaram o fluxo de energia e o ciclo mineral entre plantas verdes (produtores), animais (consumidores) e micro-organismos (decompositores). No contexto da geografia física, as formações vegetais da Terra, por exemplo, são vistas como partes dos geoecossistemas com diferentes níveis de entrada de energia que mantêm diferentes níveis de produtividade e são capazes de sustentar diferentes tipos e números de animais, incluindo os humanos.

{57}

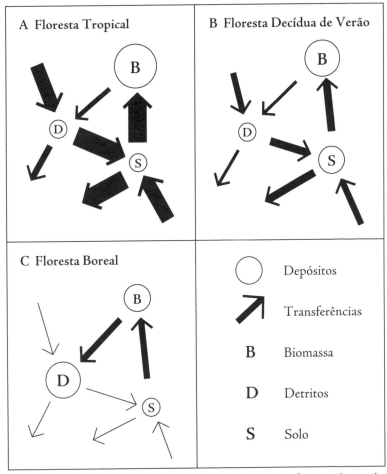

Figura 7. Ciclagem mineral em três dos maiores geoecossistemas florestais do mundo: (A) floresta tropical; (B) floresta decídua temperada (de verão); e (C) floresta boreal.

A Figura 7 apresenta uma simples comparação dos três maiores geoecossistemas do mundo (floresta tropical, floresta decídua temperada e floresta boreal conífera) em termos de um modelo de sistema tricompartimentado do ciclo mineral.

GEOGRAFIA

Os três compartimentos (círculos) – a biomassa (principalmente vegetação), os detritos (principalmente folhas mortas e madeira) e o solo – armazenam minerais; e o tamanho de cada círculo representa a quantidade de minerais armazenados. As flechas representam a ciclagem de minerais entre os depósitos e outros insumos e produtos. A espessura de cada flecha representa a proporção de minerais que é transferida do depósito-fonte a cada ano. Na floresta tropical (A), a maior parte dos minerais é depositada na biomassa (principalmente as árvores). Apenas uma pequena proporção da biomassa cai como detrito para formar o compartimento de detritos, um círculo relativamente pequeno, uma vez que a maior parte do detrito rapidamente se desfaz (flecha grossa) nas condições de temperatura e umidade no chão da floresta. O ambiente é ótimo não apenas para o crescimento de árvores mas também para a decomposição de detritos, o intemperismo químico do substrato e os minerais do solo. Embora o depósito de solo seja de tamanho intermediário, os nutrientes disponíveis são rapidamente tomados pelas raízes das árvores (outra flecha grossa) e tendem a acumular na biomassa. Fornecendo uma compreensão sobre como a floresta tropical funciona, o enfoque de sistemas também explica a fertilidade reduzida dos solos da floresta tropical após poucos anos de cultivo. A agricultura de corte e queima, através da qual os minerais são liberados da biomassa pelo fogo, e a saída dos lavradores antes que o solo esteja completamente exaurido podem ser vistas como estreitamente adaptadas à rápida ciclagem mineral que

JOHN A. MATTHEWS • DAVID T. HERBERT

ocorre nesse ambiente. Diferenças geográficas importantes entre os três tipos de floresta estão também destacadas na Figura 7. Quantidades progressivamente menores de minerais são armazenadas no compartimento de biomassa de florestas de mais alta latitude, as quais, em contraste, armazenam grandes quantidades de minerais no compartimento de detritos. Esse compartimento é maior na floresta boreal (C), onde uma proporção relativamente pequena de minerais é transferida para o solo e fica disponível para as árvores, uma vez que a decomposição de detritos ali é mais lenta, especialmente sob as condições do frio invernal. Em contraste, o compartimento do solo da floresta temperada (B) é maior porque a decomposição de detritos e a tomada de minerais pelas raízes estão em níveis intermediários.

As primeiras aplicações do enfoque de sistemas no interior da geografia física consolidaram a mudança de ênfase das formas Terra-superfície para os processos e do desenvolvimento de longo prazo da paisagem para como ela é mantida em um estado de equilíbrio (equilíbrio de estado estacionário) no curto prazo. Logo foi percebido, entretanto, que os sistemas de paisagem são mais complexos que isso e raramente são estáveis por muito tempo. A instabilidade pode ser causada ou pela dinâmica interna do sistema, ou pela interferência natural, ou pela interferência induzida pelo ser humano. No caso dos solos, por exemplo, o processo de lixiviação natural pode gradualmente exaurir os nutrientes e conduzir a um declínio da cobertura vegetal e, consequentemente, à erosão do solo.

As práticas agrícolas pobres têm efeitos disruptivos similares, enquanto os eventos naturais extremos, como as enchentes e os furacões, podem erodir o solo mais abruptamente. Os sistemas de paisagem se diferenciam em sua sensibilidade e resiliência à interferência e nos limites que têm que superar antes que um sistema esteja inclinado a mudar de um estado relativamente estável para outro. Hoje, esses conceitos são importantes nas fronteiras da geografia física. Todos os aspectos da paisagem natural – seja a referência feita à superfície dos relevos, à cobertura vegetal e ao solo ou ao envelope climático – estão sujeitos à interferência e à mudança.

## Mudança ambiental de longo prazo

Os geógrafos físicos agora consideram muito importante o estudo da mudança ambiental passada, presente e futura. O tema da mudança ambiental ganhou destaque no final do século XX, mas as sementes foram plantadas antes, e a trilha pode ser traçada até os membros da Sociedade Helvética da Suíça do século XIX. O presidente dessa sociedade, Louis Agassiz, que publicou o livro *Études sur les Glaciers* em 1840, foi um dos primeiros convertidos e um defensor particularmente influente de suas ideias. Eles reconheceram que muitos dos aspectos erosivos e deposicionais aparentes nas superfícies frontais das geleiras alpinas eram similares àqueles nas paisagens das bases dos Alpes, das planícies da Alemanha setentrional e das Ilhas Britânicas, muito distantes de quaisquer geleiras atuais. A evidência incluía sinais do poder da erosão glacial (variando da superfície da rocha polida por abrasão aos vales em U profundamente escavados), pedras erráticas transportadas pelas geleiras por longas distâncias de suas áreas de origem, e morenas (cargas de sedimentos não classificados depositados pelas geleiras). Essa evidência também ilustra o fato de que muitas paisagens não podem ser explicadas pelos processos que atualmente atuam sobre elas.

As principais conclusões dos primeiros "glaciólogos" eram que as geleiras extensas e os lençóis de gelo antes cobriam uma proporção muito maior da Terra que atualmente, e que os ambientes da Terra foram afetados recentemente por uma "Era do Gelo". Posteriormente, revelou-se que tinha havido mais que um episódio "glacial", quando a média anual da temperatura global era ao menos 10 graus centígrados mais baixa que hoje; que esses "glaciais" eram separados por "interglaciais", durante os quais as condições climáticas eram muito semelhantes às de hoje; que o nível global do mar variava mais de 100 metros devido à abstração e à liberação da água nos oceanos à medida que os lençóis de gelo aumentavam e diminuíam, e que todos os componentes da geoecoesfera eram profundamente afetados, inclusive as regiões tropicais, áridas e temperadas, não diretamente afetadas pelo gelo glaciar. Essas deduções forneciam uma explanação alternativa de aspectos previamente atribuídos ao dilúvio de Noé. Elas também representam os primeiros passos em nosso entendimento moderno da mudança ambiental quaternária, no qual os geógrafos físicos têm importante papel. O Quaternário é o termo geológico para o período principal mais recente da história da Terra: ele inclui os dias atuais e tem durado mais de 2 milhões de anos.

Dos muitos avanços na compreensão da mudança ambiental quaternária, dois podem ser considerados particularmente importantes. Primeiro, nos anos 1930, Milutin Milankovitch, um matemático aplicado sérvio, desenvolveu a "teoria astronômica", que, exitosamente, explica as mudanças climáticas regulares associadas aos glaciais e interglaciais – a "pulsação" da Era do Gelo (ver quadro).

## A teoria astronômica da mudança climática

Essa teoria matemática, também conhecida como "teoria de Milankovitch", explica as variações regulares do clima de longo prazo que produziram glaciais e interglaciais durante o Quaternário. A teoria foi contestada durante o período em vida de Milutin Milankovitch, mas mais tarde foi totalmente testada e é agora amplamente aceita. Ela prediz a quantidade e a distribuição da radiação solar recebida na superfície da Terra como resposta às variações regulares na distância entre a Terra e o Sol. Isso depende de três denominados parâmetros orbitais: a *precessão* dos equinócios, que varia com a periodicidade de cerca de 21 mil anos; a *obliquidade* do elíptico, que varia com a periodicidade de cerca de 41 mil anos, e a *excentricidade* da órbita, com a periodicidade de cerca de 100 mil anos. Essas variações orbitais podem ser vistas, respectivamente, como medidas da "oscilação" e da "inclinação" da Terra em torno de seu eixo, e o "alongamento" da órbita da Terra (a extensão em que a órbita elíptica se afasta de um círculo). Os três parâmetros orbitais combinam para determinar o padrão e o tempo dos glaciais e interglaciais: o primeiro corresponde aos tempos de recebimento de radiação solar mínima; os intervalos intervenientes são os interglaciais.

O primeiro teste decisivo da teoria astronômica utilizou dados de núcleos de sedimentos marinhos, que recuperavam o material lentamente acumulado no profundo solo oceânico durante os sucessivos glaciais e interglaciais. Especificamente, a razão de isótopos de oxigênio de conchas de plâncton microscópico (que reflete o volume da água nos oceanos e lençóis de gelo) foi comparada com as predições da teoria usando técnicas estatísticas, e foi encontrada uma combinação próxima. Desde então, outros testes bem-sucedidos foram feitos, por exemplo, as sequências de recifes de coral de Barbados (que refletem as variações do nível do mar que acompanham o crescimento e a diminuição dos lençóis de gelo) e os núcleos de gelo da Antártica e da Groenlândia (refletindo as mudanças nas propriedades da atmosfera).

O segundo avanço foi a reconstrução a partir de sedimentos marinhos de registros contínuos das reais mudanças climáticas que afetaram a Terra nesse mesmo intervalo de tempo. A informação sobre a mudança ambiental está contida nos restos dos organismos microscópicos que se acumularam firmemente no solo do oceano, em geral sem maiores interrupções, e na maior parte não afetados pelos eventos erosivos subsequentes no solo do oceano. Entretanto, essa fonte de informação não podia ser explorada antes de ser inventada a tecnologia para recuperar, com sucesso, os núcleos de sedimentos dos oceanos profundos. Para a maior parte da primeira metade do século XX, a forte crença, baseada na evidência terrestre da Europa e de outros lugares, era de que tinha havido apenas quatro glaciações durante o Quaternário. Agora, sabe-se que houve mais de dez vezes esse número de episódios glaciais dentro da atual Era do Gelo. A evidência marinha, que permitiu que a teoria de Milankovitch fosse testada definitivamente, hoje fornece uma estrutura temporal mais ou menos completa para os registros mais curtos, frequentemente descontínuos, disponíveis da superfície terrestre da Terra.

O efeito desses avanços foi chamar a atenção dos geógrafos físicos, ao lado de muitos outros cientistas ambientalistas naturais, para a reconstrução do padrão, do tempo e dos efeitos desses maiores eventos climáticos. No contexto terrestre, houve inicialmente uma ênfase em reconstruir a mudança da vegetação dos pântanos baseada em análise de pólen, que foi mais tarde complementada pela informação de uma ampla gama de "arquivos naturais", incluindo, por exemplo, os sedimentos de lagos, os loesses (siltes depositados pelo vento), os núcleos de gelo, os espeleotemas (sedimentos precipitados de cavernas), os anéis de árvores e os corais, que juntos fornecem dados sobre as mudanças passadas em todas as esferas componentes da geoecosfera.

Com o desenvolvimento contínuo de novas técnicas para uma datação exata e uma medição precisa dos dados ambientais "proxy"[1] de tais arquivos, tem sido possível reconstruir as mudanças ambientais passadas em grande detalhe. Os núcleos de gelo,

---

1 Dados "proxy" são aspectos físicos preservados do ambiente que permitem medição direta. (N. T.)

por exemplo, obtidos da perfuração através dos lençóis de gelo da Groenlândia e da Antártica, revelaram mudanças na composição atmosférica através dos últimos vários ciclos glaciais e interglaciais, demonstraram a existência de mudanças ambientais abruptas em escalas de tempo relativamente curtas (os aumentos de temperatura de 10 graus centígrados ocorreram no interior de décadas) e iluminaram as complexidades das interações no interior do sistema terra-oceano-atmosfera.

Com a crescente percepção da importância dos impactos humanos do passado e do presente na geoecosfera, também houve uma nova ênfase nas mudanças climáticas de curto prazo do Último Glacial e do Atual Interglacial, ou Holoceno (os últimos 11.500 anos) e seus efeitos. Por exemplo, as variações climáticas em escala de decenal a milenar estão na base das variações da geleira do Holoceno, ilustradas na Figura 8. Os episódios de expansão de geleiras (eventos neoglaciais) têm sido reconstruídos a partir do registro da deposição de sedimentos suspensos em pântanos de margens de rios e em refluxos de lagos das geleiras nas montanhas do Jotunheimen, no sul da Noruega. A expansão e a contração de geleiras resultaram em variações na produção de sedimentos finos (especialmente silte) pela erosão glacial. Essas variações são, por sua vez, refletidas na espessura e na composição das camadas de sedimentos recuperadas pela escavação da lama e a retirada de sedimentos de lagos. A datação de material orgânico por radiocarbono fornece uma detalhada escala de tempo.

# Geografia

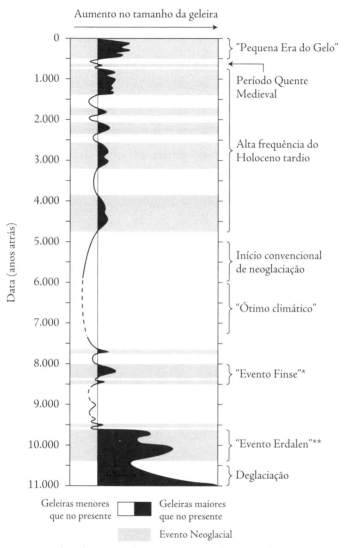

\* Evento Finse: súbita diminuição das temperaturas globais ocorrida em 6200 a.C., com duração de 200 a 400 anos. (N. T.)
\*\* Evento Erdalen: avanço glacial no primeiro Holoceno, na Noruega. (N. T.)

Figura 8. Geleira do Holoceno e variações climáticas em Jotunheimen, na Noruega, reconstruída dos registros sedimentares nos lagos e pântanos.

JOHN A. MATTHEWS • DAVID T. HERBERT

Os eventos neoglaciais foram uma resposta a uma diminuição das temperaturas de verão, que levaram ao derretimento intensificado do gelo das geleiras, ou a um aumento na acumulação de inverno (neve), que leva ao crescimento das geleiras. As variações de geleiras, de fato, filtram a variabilidade climática ano a ano, e elas revelaram que o clima em geral se diferenciava consideravelmente do clima dos dias de hoje. Algumas das características do registro estão nomeadas na Figura 8, incluindo a provável ausência de geleiras durante o assim chamado "ótimo climático" do Holoceno Médio, por volta de 7 mil anos atrás (caracterizado por temperaturas de 2 a 3 graus centígrados mais quentes que hoje), o recrescimento de geleiras (a neoglaciação convencional), por volta de 6 mil a 5 mil anos atrás, e a "Pequena Era do Gelo" dos últimos quinhentos anos (com temperaturas de 1 a 2 graus centígrados mais frias que hoje).

Existem pelo menos duas implicações mais amplas do registro tanto de longo quanto de curto prazo dos climas passados, que fornece fortes razões para os geógrafos físicos continuarem a investigar os ambientes do passado. Primeiro, as variações naturais similares no clima vão quase certamente continuar a ocorrer no futuro. É vital, portanto, compreender a base natural sobre a qual o aquecimento global antropogênico está se sobrepondo. Segundo, as variações climáticas são os condutores de mudanças em tantos outros aspectos da geoecosfera que são centrais à geografia física e muito importantes para a humanidade.

GEOGRAFIA

## Impactos humanos: do Holoceno ao Antropoceno

À medida que o século XX chegou ao seu término, os estudos dos impactos humanos na geoecosfera e, em particular, do clima global tornaram-se uma prioridade, tanto para a ciência como para a sociedade. A extensão e a intensidade dos impactos e as taxas de mudança na bioesfera, pedosfera, hidrosfera e toposfera tornaram-se significativas no Holoceno médio, por volta de 5 mil anos atrás. Desde então, dos tempos neolíticos em diante, uma sucessão de tecnologias cada vez mais avançadas possibilitou a crescente exploração dos recursos da Terra, acompanhada de efeitos ambientais intencionais e não intencionais. O desmatamento, a degradação do solo e a erosão das encostas têm tido uma história particularmente longa, e a maioria das primeiras civilizações, da Mesopotâmia à Mesoamérica, experimentaram os principais impactos nesses processos. Os geógrafos físicos reconheceram a seriedade de muitos desses impactos há mais de um século – como demonstrado, por exemplo, por George Perkins Marsh em *Man and Nature, or Physical Geography as Modified by Human Action*, publicado em 1864.

Foi apenas a partir da Revolução Industrial, com a extensiva queima de combustíveis fósseis, que houve um significativo impacto humano no clima global. Embora a primeira estimativa quantitativa do aumento do efeito estufa, produzido pela liberação de dióxido de carbono, tenha sido feita por um cientista sueco, Svante Arrhenius, no início de 1896, foi apenas

{69}

quando entramos no século XXI que a escala dos efeitos de tal poluição antropogênica de gás estufa sobre a atmosfera começou claramente a exceder a escala dos efeitos da variabilidade climática natural. Em reconhecimento à prevalência geral dos impactos humanos e às taxas de mudança sem precedentes induzidas por toda a geoecosfera, o termo "Antropoceno" foi cunhado para os mais recentes duzentos anos na história da Terra (ver o quadro).

O tema da mudança ambiental na geografia física foi, portanto, revigorado e se transformou à medida que, devido ao aquecimento global, os climas futuros se tornaram não apenas uma influência generalizada na agenda de pesquisa das ciências ambientais naturais mas também um tópico de conversação cotidiana e uma força crescentemente poderosa na agenda política. A mudança ambiental de relativamente longo prazo é particularmente importante para o foco atual nas emissões de carbono, por fornecer um campo de testes para o entendimento do equilíbrio de carbono natural do sistema terra-oceano-atmosfera. As mudanças de curto prazo do Holoceno fornecem *insights* sobre a variabilidade da base natural contemporânea nas quais as rápidas mudanças do Antropoceno estão sendo sobrepostas. O desafio imediato para a geografia física é como dar a melhor contribuição para um conhecimento preciso e um entendimento aperfeiçoado da ciência da mudança ambiental – incluindo o impacto humano – de forma que as decisões políticas informadas possam ser tomadas não apenas sobre como obter um equilíbrio de carbono aceitável mas também sobre como tratar as muitas outras "pegadas" humanas feitas na superfície da Terra. As mudanças ambientais do Antropoceno, portanto, reaparecerão mais tarde neste capítulo, e muitas vezes neste livro, no contexto da geografia como um todo.

## O Antropoceno

O termo "Antropoceno" foi proposto por Paul J. Crutzen e Eugene Stoermer no ano 2000 para definir uma nova época geológica caracterizada pela dominância dos impactos humanos na geoecologia da Terra. Ela cobre aproximadamente os últimos duzentos anos do Holoceno. Durante o Antropoceno, a população mundial aumentou para mais de 6 bilhões de pessoas, e a escala da exploração humana dos recursos da Terra se superou. Ao menos 50% da superfície terrestre do globo foi transformada pelas ações humanas. Mais de 50% de toda a água fresca acessível é agora usada pelos humanos. Em torno de 20% das espécies mamíferas, 10% das espécies de pássaros e 5% das espécies de peixes estão atualmente ameaçadas de extinção como resultado das atividades humanas. O nitrogênio artificial adicionado anualmente aos solos como fertilizante agora excede o montante naturalmente fixado neles. As emissões de dióxido sulfúrico na atmosfera pela queima de combustível fóssil e os incêndios da floresta tropical configuram agora o dobro daquelas emitidas naturalmente. O dióxido de carbono e o metano atmosféricos (dois importantes gases estufa) aumentaram por volta de 30% e 150%, respectivamente, durante os últimos duzentos anos.

John A. Matthews • David T. Herbert

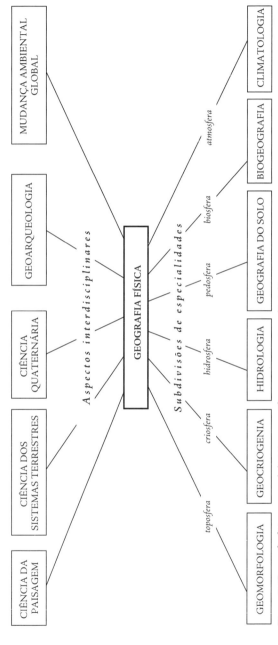

Figura 9. Geografia física: suas subdivisões específicas e aspectos interdisciplinares.

## A geografia física hoje

Uma característica central da geografia física é seu tema diverso. Por um lado, isso encorajou o crescimento de especialidades e, de outro lado, requereu que os geógrafos físicos olhassem na direção de outros assuntos. Uma representação simplificada da atual estrutura da geografia física está apresentada na Figura 9. Nesse diagrama, as especialidades são complementadas por seus vínculos com outras disciplinas. As principais especialidades, tais como a geomorfologia e a climatologia, correspondem às diferentes esferas e estão resumidas no quadro. Os vínculos interdisciplinares permitem aos geógrafos físicos trabalhar, por exemplo, com geólogos, biólogos ou arqueólogos; e, embora não seja interdisciplinar, a colaboração com os geógrafos humanos deve ser incluída aqui. No centro do diagrama, a geografia física integrada envolve o estudo dos geoecossistemas como um todo: mais de um elemento da paisagem – não apenas relevos, vegetação, solo ou clima – e a escala podem variar. Os exemplos das unidades da paisagem que fornecem a base para a geografia física integrada incluem as encostas, as bacias de drenagem hidrográfica, as bacias hidrográficas de lagos, as cidades, as regiões montanhosas e toda a Terra.

## John A. Matthews • David T. Herbert

## Especialidades da geografia física

Seis principais especialidades podem ser reconhecidas, cada uma cobrindo um componente principal da geoecosfera. Todas envolvem o estudo da superfície da Terra hoje e no passado e como a sua mudança é provável no futuro, tanto de forma natural quanto por meio dos impactos humanos crescentes.

A geomorfologia focaliza os relevos e seus processos formativos, especialmente os processos da superfície da Terra que envolvem a desagregação e a erosão, o transporte e a deposição pela água, vento e gelo. A "megageomorfologia" inclui os relevos em escala global, como as cadeias de montanhas.

A hidrologia estuda a água no sistema terra-atmosfera-oceano, especialmente os processos do ciclo hidrológico (tal como a evaporação, a precipitação e o escoamento) e as suas aplicações (como nas inundações e secas). Isso inclui o estudo das águas subterrâneas e a água na criosfera.

A climatologia investiga não apenas a condição média da atmosfera mas também o alcance, a frequência e as causas dos eventos atmosféricos. Isso inclui a massa e a troca de energia entre a Terra e a atmosfera, a circulação geral da atmosfera e as circulações atmosféricas regionais e locais que contam para os padrões climáticos.

A biogeografia estuda todos os aspectos da distribuição da vida – o "mundo vivo" das plantas, dos animais, dos micro-organismos e ecossistemas inteiros. Os principais interesses incluem as formações vegetais da Terra, como a floresta tropical, as pradarias de savanas e a tundra, e a sua biodiversidade.

A geografia do solo, algumas vezes considerada parte da biogeografia, enfoca a variação na cobertura do solo da Terra, especialmente nas diferenças no desenvolvimento e na degradação dos solos.

GEOGRAFIA

> A geocriogenia, sobrepondo em parte a hidrologia e também a geomorfologia, é o estudo da neve da Terra, o gelo e o solo congelado, incluindo as geleiras e os lençóis de gelo, o solo perenemente congelado (a *permafrost*) e o solo sazonalmente congelado.

## A contribuição interdisciplinar

A amplitude da geografia física significa que há muitas interações efetivas e potenciais que se beneficiam mutuamente das ciências associadas estabelecidas. Algumas dessas vinculações desenvolveram-se em campos de pesquisa interdisciplinares bem consolidados, tais como a ciência quaternária e a geoarqueologia. Na ciência quaternária, os geógrafos físicos trabalham em equipes com os geólogos quaternários, os paleoclimatólogos, os paleoecologistas e outros para reconstruir as mudanças ambientais passadas. Na geoarquelogia, os geógrafos físicos juntam-se aos arqueólogos para focalizar o passado humano. Esse campo, estreitamente relacionado à arqueologia ambiental, traz as abordagens, os métodos e os conceitos das ciências ambientais naturais para dar sustentação à interpretação dos sítios arqueológicos. A contribuição do geógrafo físico é particularmente clara na compreensão dos "processos naturais de formação de sítios" (como a erosão e a decomposição) e suas interações com os "processos culturais de formação de sítios" (como a construção de locais, o uso e a modificação). Os geógrafos físicos também contribuem com várias ciências interdisciplinares emergentes relativas aos impactos

{75}

ambientais humanos e o seu futuro manejo, tal como a ciência da sustentabilidade e a ciência do sistema terrestre. A primeira enfoca as formas e os meios de manutenção e aperfeiçoamento das funções produtivas da Terra diante da exploração destrutiva de recursos; a última enfoca o entendimento do sistema total da Terra sem necessariamente compreender todos os processos e mecanismos individuais. A geografia física contribui com a sua perspectiva espacial, a sua tradição holística e a sua preocupação com a dimensão humana. Ela dá, dessa forma, um importante subsídio à solução para algumas das grandes questões científicas e alguns dos problemas práticos associados enfrentados pela humanidade hoje.

## O quão útil é a geografia física?

A geografia física é claramente útil em relação aos muitos problemas que as pessoas têm que enfrentar no ambiente. Tais problemas ocorrem em todas as escalas e estão ilustrados em exemplos. (Muitos mais exemplos são apresentados à frente neste livro.) Em primeiro lugar, o mapeamento geomorfológico e a avaliação de terreno para planejamento de rota das principais estradas fornecem um bom exemplo de uma aplicação especializada em escala local. Isso envolve o mapeamento das variações topográficas e das características do substrato, incluindo a avaliação das condições de drenagem e estabilidade do declive. Pode ser identificada uma rota com o gradiente e a estabilidade adequados e, se necessário, pode ser realizada a engenharia para melhorar as condições e reduzir riscos previamente ao trabalho de construção. Problemas adicionais específicos estão associados a ambientes particulares, tais como o degelo do *permafrost* sob as estradas em regiões periglaciais e o intemperismo salino do concreto em terras áridas.

Outro exemplo se relaciona aos impactos da mudança climática em ambientes marginais que são mais suscetíveis. No Sahel africano, o aumento do aquecimento global com um leve aumento na frequência ou na severidade das secas é provavelmente mais desastroso que o mesmo efeito em uma área com maior umidade disponível. O principal ponto da desertificação está fortemente relacionado a tais mudanças, embora o fator humano esteja também centralmente envolvido. De forma semelhante, a elevação do nível do mar na ordem de 50 centímetros, que poderá ocorrer em poucas décadas, tem grande relevância nas costas baixas (como os deltas ou ilhas de corais), especialmente nos países em desenvolvimento, onde as pessoas são menos capazes de se adaptar a tais riscos naturais. A amplitude da geografia física assegura sua utilidade de muitas formas, mas talvez ela seja mais útil quando os geógrafos físicos aplicam o seu conhecimento, a compreensão e as técnicas em colaboração com outros cientistas e com geógrafos humanos.

## Os papéis da geografia física

É possível, portanto, ver a geografia física tendo três principais papéis. Primeiro, ela contribui com sua perspectiva

JOHN A. MATTHEWS ◆ DAVID T. HERBERT

espacial característica para obter conhecimento e compreensão de cada uma das partes componentes da paisagem. Esse papel é claramente a força condutora de suas especialidades. Segundo, ela explora as interconexões entre esses componentes, definindo uma abordagem mais holística à paisagem que qualquer outra ciência. Esse é, talvez, o papel central da geografia física como uma entidade. Terceiro, ela tem a interface entre o ambiente natural e as pessoas como uma preocupação central, o que consolida seu papel como parte da geografia como um todo.

A geografia física integrada, apesar de uma longa tradição que data desde Alexander von Humboldt, é atualmente o menos desenvolvido desses papéis. Mesmo assim, ela tem o potencial de trazer juntas as várias especialidades e de fornecer uma base para desenvolver outros vínculos com a ciência interdisciplinar e com a geografia humana. Essa linha de argumento sugere que a geografia humana integrada poderia ser um foco em torno do qual construir uma nova geografia definida como:

> aquele ramo da geografia voltado para (a) identificar, descrever e analisar a distribuição dos elementos biogeoquímicos do ambiente; (b) interpretar os sistemas ambientais em todas as escalas, tanto espaciais quanto temporais, na interface entre a atmosfera, a biosfera, a litosfera e a sociedade; e (c) determinar a resiliência de tais sistemas em resposta às interferências, incluindo as atividades humanas. (Slaymaker; Spencer, *Physical Geography and Global Environmental Change*, 1998, p.7.)

# Capítulo 3
## A dimensão humana: as pessoas em seus lugares

A geografia humana passou por uma série de mudanças em abordagens e conteúdos a um ponto em que hoje ela é extremamente diversa. Essas qualidades levantam desafios de enfoque e definição, mas também introduzem uma rica gama de tópicos, inovações e temas. O estudo da geografia humana teve antes um significado claro e inequívoco. Sua preocupação era, em específico, com as formas nas quais as pessoas ocupavam a superfície da Terra: os padrões dos assentamentos que surgiram, as paisagens humanas que evoluíram, os movimentos das populações humanas que ocorreram e a "ordem" que se tornou aparente. Quando surgiu a questão de uma explanação para esclarecer temas como por que as cidades são localizadas em lugares específicos ou por que há altas concentrações em algumas partes do mundo e grandes vazios em outras, em geral as respostas eram buscadas, inicialmente, nos ambientes naturais e, em segundo lugar, na história. Essas respostas a princípio serviam ao propósito, mas se tornaram limitações para a geografia humana e sua relativa insuficiência de uma boa teoria. Considerando que o assunto e as questões eram válidos,

JOHN A. MATTHEWS • DAVID T. HERBERT

as fontes de explanação estavam longe de serem completas e excluíam enormes áreas que, agora, têm se tornado preocupações centrais para os geógrafos humanos.

## Mudando abordagens: perturbando a situação tradicional

Uma das primeiras grandes teorias, o determinismo ambiental, exemplificou a ênfase no ambiente natural na explicação das ações humanas: presumia-se que as últimas derivavam do primeiro. Sugeria-se, portanto, que as pessoas vivendo em climas quentes tendiam a ser preguiçosas e promíscuas, e os crimes de violência ocorriam mais nas partes mais quentes dos países, como o "sul violento" dos Estados Unidos. A teoria não era, de forma alguma, desprovida de virtude, mas produzia becos sem saída e explanações sem verificação. A geografia regional, ou os estudos de territórios específicos na superfície da Terra, seguiu inicialmente uma via mecânica bem semelhante, mas, no final, levou a um desenvolvimento mais forte do próprio entendimento das atividades humanas, dando maior atenção à história e à cultura. Algo da mentalidade e da relativa longevidade dessas primeiras iniciativas para o entendimento da causação na geografia humana está revelado no artigo do geógrafo britânico K. G. T. Clark, publicado em 1950. Ele argumentou que a geografia humana estava tendo um progresso muito limitado, dada a suposição difundida de que a geografia física era *a* base necessária para o entendimento dos fenômenos humanos em questão. Desde aquela época, o ritmo de mudança foi notável.

GEOGRAFIA

Há várias características definidoras dessas mudanças que incluíram um significativo afastamento do ambiente natural como a fonte básica ou principal de explanação; uma qualificação radical definitiva da realidade objetiva como foco do estudo, e uma consciência maior do fato de que diferentes pessoas percebem e têm experiências do mundo de maneiras diferentes; e uma busca por fontes teóricas e de inspiração bastante fora dos limites tradicionais da geografia humana. Um resultado foi uma geografia humana crescentemente eclética, vulnerável à crítica de que "tudo vale", descrita como estando em uma busca selvagem por sua identidade e passando por uma crise febril de desconstrução e reconstituição.

Mudanças como essas são experimentadas por muitas disciplinas acadêmicas, mas, às vezes, parecem ter chegado a extremos na geografia humana. Essas modificações são geralmente chamadas mudanças de paradigma, nas quais um conjunto prevalecente e influente de ideias é substituído por outro (Figura 10). Os velhos paradigmas raramente desaparecem por completo, mas deixam um legado capaz de ressurgir em uma forma nova e alterada. Como foi indicado, as primeiras impressões sobre a causa e o efeito na geografia humana eram fortemente influenciadas pela necessidade de relacionar as pessoas e os assentamentos aos ambientes naturais que ocupavam. Qualquer forma de explanação se expressava em termos como: áreas montanhosas produzem formas dispersas de assentamentos e as planícies estimulam a nucleação; as áreas desertas levam a economias nômades, enquanto as terras baixas férteis

# John A. Matthews ✦ David T. Herbert

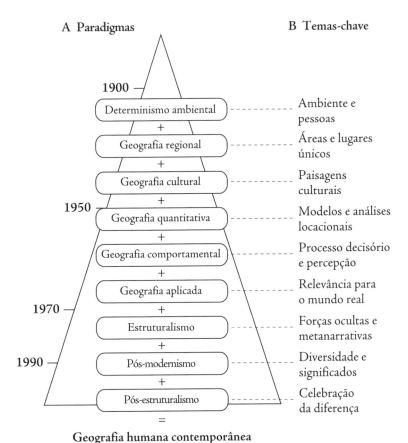

Figura 10. Paradigmas da geografia humana: (A) a sequência histórica dos paradigmas que deixaram seu legado para a geografia humana atual; e (B) os temas centrais que eles representam. Também são indicadas uma escala de tempo aproximada para a ocupação de cada paradigma e a ampliação da base da geografia humana.

produzem populações densas e amplos aglomerados. As generalizações desse tipo ofereceram alguns *insights* plausíveis, mas as exceções eram muitas. À medida que se tornaram mais conscientes das discrepâncias, os geógrafos humanos se voltaram para as fontes de explanação mais históricas e culturais.

## GEOGRAFIA

A forma mais ampla de pensar que evoluiu nos estudos regionais reconhecia que as pessoas podiam modificar paisagens: tradições culturais podiam persistir e se fortalecer ao longo do tempo, e havia condições humanas que se opunham e, frequentemente, anulavam os imperativos ambientais. Em outras palavras, a paisagem era um registro humano, assim como um artefato físico. Boa parte dessa primeira geografia humana preocupava-se com o *regionalismo* e o estudo dos lugares. Em 1939, Richard Hartshorne, uma liderança na geografia estadunidense, publicou seu livro *Nature of Geography*, no qual a diferenciação de áreas, ou o estudo das áreas ou regiões na superfície da Terra e as suas diferenças relacionadas de forma causal, foi sugerida como o aspecto central do que os geógrafos faziam. Essa interpretação da geografia, com seu foco na singular mistura de fatores que produziam distintas regiões, reinou suprema ao longo das décadas intermediárias do século XX.

Esse paradigma sofreu uma intensa crítica nos anos 1960, e os geógrafos urbanos estavam entre os principais defensores da necessidade de mudança. As abordagens consolidadas para o estudo da geografia das cidades e dos centros urbanos eram acusadas de serem, sobretudo, descritivas, ausentes de técnicas de boas medidas e falhas em desenvolver boas teorias. A solução proposta foi a ciência espacial, que aplicava métodos científicos aos fenômenos geográficos.

John A. Matthews • David T. Herbert

## A ascensão e a queda da ciência espacial

À medida que o novo paradigma da ciência espacial era traduzido para a geografia humana, ele teve muitas características distintas (ver quadro). O novo paradigma levou à "Era dos Modelos". Versões existentes havia muito tempo, como as zonas de uso do solo de Von Thünen, de 1926, desenvolvidas por um alemão proprietário de terra e economista do solo, e a teoria do lugar central do geógrafo alemão Walther Christaller, de 1930, ficaram proeminentes. Ambas se ocupavam das formas nas quais o uso do solo e o assentamento se desenvolveriam sobre um "modelo" de superfície uniforme. Para Von Thünen, o ponto-chave para o uso do solo rural era o fato de a terra mais próxima da fazenda ser trabalhada mais intensivamente para produzir plantações, como a horticultura, enquanto os campos mais distantes seriam usados extensivamente para a exploração pastoril. A distância da fazenda era um custo e a economia do uso da terra era mais bem administrada dessa forma.

### A análise espacial e a revolução quantitativa

Essa abordagem desenvolveu-se a partir dos anos 1950 e estava designada a fazer a geografia humana (e a geografia como um todo) mais científica. A abordagem enfatizava a necessidade de afastar-se dos aspectos únicos da superfície da Terra – como incorporado na geografia regional – e seguir a filosofia da ciência na busca de generalizações que podiam ser verificadas. À medida que esses princípios eram importados para a análise espacial, alguns aspectos centrais eram:

GEOGRAFIA

- um interesse nos padrões e na forma ou a geometria do espaço;
- o uso de amostras representativas, métodos numéricos e a estatística;
- o desenvolvimento de hipóteses testáveis, modelos e teorias;
- uma busca por modelos e algoritmos com poder preditivo para permitir, por exemplo, a identificação de localidades ótimas e as análises de mudanças espaciais no tempo.

Christaller argumentava que os consumidores de bens em uma cidade-mercado reagiriam aos problemas de distância viajando ao centro mais próximo que oferecesse aquela mercadoria específica. Sua hipótese do centro mais próximo era uma forma simples e mecânica de explanar e descrever o comportamento humano. Dada essa hipótese, um padrão específico de cidades-mercado se desenvolveria em um plano uniforme, e a Figura 11 mostra a forma clássica do modelo de Christaller com seu sistema de uma hierarquia de lugares centrais e áreas de mercado aninhadas em um padrão hexagonal. Aqui, estão apresentadas apenas três ordens de lugares centrais e áreas de mercado, com uma tentativa de adequar o modelo ao sul da Alemanha, usando Stuttgart como o centro de alta ordem. A essência desse modelo era que ele assumia um plano uniforme (geralmente referido a uma superfície de mesa de bilhar) com igual acessibilidade de todas as direções. Dessa forma, a distância torna-se um fator central na explanação da localização das cidades-mercado, na definição de suas áreas de mercado e no padrão de comportamento do consumidor. Por exemplo, as cidades com a mesma classificação estavam à mesma distância, e suas áreas

John A. Matthews ✦ David T. Herbert

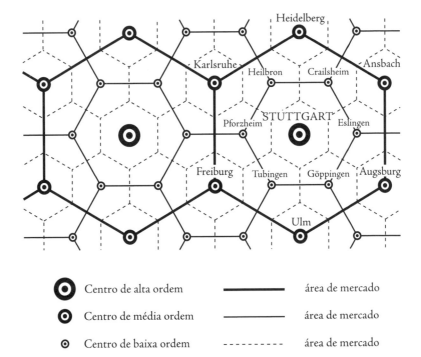

- ◉ Centro de alta ordem  ——— área de mercado
- ◉ Centro de média ordem  ——— área de mercado
- ⊙ Centro de baixa ordem  - - - - - - área de mercado

Figura 11. Modelo do lugar central de Walther Christaller, caracterizado pelos padrões hexagonais hierárquicos repetidos: à direita, foram mapeados sobre o modelo os assentamentos reais ao sul da Alemanha.

de mercado eram do mesmo tamanho; consumidores reagiriam à distância utilizando o centro mais próximo. À medida que as condições do modelo não existem, tentativas de adequar o modelo ao mundo real, como no exemplo apresentado, podem apenas ser aproximações.

Os modelos tornaram-se crescentemente sofisticados e foram acompanhados de muitos esforços para medir os padrões geográficos e os processos: o treinamento em estatística e em métodos quantitativos tornou-se uma condição *sine qua non* para os estudantes de geografia. Esse era um forte e vibrante novo paradigma que relegou as mais velhas abordagens ao segundo plano. Seus muitos métodos incluíam as análises multivariadas aplicadas aos estudos urbanos para manejar grandes conjuntos de informação, geralmente dados censitários; modelos preditivos para a geografia econômica, para examinar padrões projetados de crescimento; e todo um grande número de estudos de difusão e simulação em campos como a migração, a propagação de inovações e as doenças, o que permitia melhores estimativas dos meios nos quais os fluxos ocorreriam no espaço e no tempo. As fontes de dados estatísticos, especialmente aquelas fornecidas pelas estatísticas de censos de pequenas áreas, e outras estatísticas oficiais, complementadas pelos *surveys* sociais, passaram para o primeiro plano.

Em fins dos anos 1970, entretanto, emergiram dúvidas sobre o valor desse paradigma. Os métodos tornaram-se muito mais sofisticados, mas os resultados ainda eram descritivos; eles eram repletos de modelos, mas não muito bem fundamentados em teorias. Com sua ênfase na geometria do espaço, a análise espacial produziu teorias baseadas em suposições muito simplificadas do processo de decisão humana. Ela empregava o conceito do "homem econômico" que era racional, tinha conhecimento perfeito, oportunidades otimizadas e custos minimizados. O homem econômico, por exemplo, obteria serviços da localidade mais próxima disponível, avaliaria todas as opções quando mudasse o local de residência e estabeleceria um negócio quando todas as condições necessárias fossem encontradas. Os geógrafos humanos começaram a questionar essas suposições como sendo muito distantes da realidade do comportamento das pessoas. Na realidade, as pessoas frequentemente não se comportam de maneiras ótimas, agindo com muito menos que a total informação e talvez influenciadas por valores emocionais.

A partir desse ponto, a análise espacial estava para perder sua predominância e outro processo de rebaixamento estava a caminho, apesar de o impacto das mudanças ter variado em diferentes partes do mundo. No início dos anos 1970, novas perspectivas começaram a dominar a prática da geografia humana. As abordagens humanísticas e culturais, em particular, descartaram as perspectivas científicas da análise espacial e se afastaram de sua ênfase nas medidas e na generalização. O novo foco estava nos significados e valores qualitativos e na diversidade do comportamento humano. Havia evidência para a inadequação da teoria do lugar central, por exemplo, dado que muitos consumidores demonstravam ignorar seus preceitos e faziam compras em uma variedade de destinos. Os modelos sofisticados de análise espacial tinham pouca relação com a vida real das pessoas e suas vinculações a lugares específicos; era tempo de afirmar a diversidade do comportamento humano. Para muitos, essa era uma mudança bem-vinda e positiva, mas outros argumentavam que a geografia virou as costas para a análise de dados espaciais quantitativos, quando muitas outras disciplinas, tal como a economia, passaram a reconhecer sua importância.

# Geografia

## Primeiras reações: abordagens humanísticas e estruturais

Havia inicialmente dois principais pontos de partida do foco na análise espacial. A geografia humanística afirmava a centralidade das pessoas e enfocava os significados do lugar mais que a geometria do espaço. A "imagem" entrou para o léxico da geografia com ideias como o espaço percebido, os mapas mentais e o comportamento "irracional". Era evidente que pessoas diferentes percebiam os espaços de formas diferentes. Havia estudos, por exemplo, dos significados de "territórios selvagens". Em um extremo, havia aqueles que definiam os territórios selvagens como áreas remotas sem população; em outro extremo, estavam aqueles que consideravam os parques nacionais muito frequentados como adequados à descrição. Ou, ainda, o mapa mental de um bairro considerado por uma pessoa idosa com problemas com sua mobilidade era muito diferente daquele de um indivíduo jovem. Muitas pessoas utilizariam o seu shopping center mais próximo, mas outras estariam preparadas para viajar para mais longe devido ao fato de terem mobilidade pessoal e preferirem um local diferente. Os geógrafos recorreram a novas fontes de informação, tais como trabalhos de arte e de ficção, para obter suas percepções sobre a paisagem e o lugar. Havia estudos de pintores individuais e trabalhos específicos que poderiam ser usados para examinar a natureza mutável da paisagem e dos jardins ao longo do tempo. Obras de ficção, como *As vinhas da ira*, de John Steinbeck, e muitos dos romances de Thomas Hardy, foram usadas como fontes para iluminar a sociedade contemporânea. Essa reação "subjetiva" amadureceu na direção da *nova geografia cultural*, e esse ponto merece mais considerações.

Antes, contudo, podemos identificar a segunda reação à análise espacial, que pode ser descrita como o estruturalismo (ver quadro). O estruturalismo, basicamente, ofereceu uma teoria geral que explicava tanto o comportamento humano quanto seus impactos societais. Uma ideia central é que existem forças poderosas no interior da sociedade que condicionam os tipos de estilo de vida que podem ser seguidos. O capitalismo fornecia uma força condicionante poderosa como essa, e argumentava-se que os problemas crescentes das disparidades de riqueza e qualidade de vida no interior das cidades e entre as cidades derivavam de sua influência. David Harvey, um geógrafo britânico que trabalha nos Estados Unidos da América, e uma liderança intelectual marxista, afirmou que havia uma clara disparidade entre as sofisticadas estruturas teóricas e metodológicas da análise espacial e a capacidade de os geógrafos em dizer alguma coisa realmente significativa sobre os eventos à medida que eles se manifestavam no seu entorno. Em outras palavras, os geógrafos não estavam captando a significância dessas importantes forças estruturais, e apenas estavam lidando com as manifestações superficiais de um processo mais profundo. Os estruturalistas se voltaram para a teoria marxista e à noção de estruturas ocultas que tinham uma influência poderosa e mesmo determinista sobre as atividades humanas. Trabalhando a partir dessa perspectiva,

GEOGRAFIA

Harvey afirmou que a teoria tinha muito a oferecer à geografia, mas tinha que ser modificada e repensada para incluir os conceitos fundamentais de lugar e espaço. O estruturalismo, por exemplo, poderia ser utilizado para explicar as divisões internas à sociedade entre ricos e pobres, mas a concentração de pobreza em áreas específicas, como as áreas centrais, eram o produto de investidores que discriminavam essas áreas. Os bairros discriminados estavam sedentos de fundos hipotecários devido às decisões de investimento que tinham uma moldura espacial de referência. Em uma escala mais ampla, as disparidades regionais em riqueza e desenvolvimento podiam ser explicadas pelas decisões motivadas pelo mercado dos negócios corporativos.

---

### As primeiras reações à análise espacial

Uma visão amplamente aceita desenvolvida nos anos 1970 afirmava que, embora a análise espacial tivesse dado à geografia humana uma boa metodologia científica, ela permaneceu largamente descritiva e falhou em desenvolver boas teorias. Muitas das afirmações sobre as quais ela se baseou não eram realistas e tinham pouca ou nenhuma relação com a diversidade e a complexidade que, na verdade, existiam no mundo real.

A geografia humanística procurou reafirmar a importância das pessoas e elevá-las de seu *status* de "pálidas figuras empreendedoras". Isso introduziu um novo foco nos valores subjetivos e significados qualitativos que afetavam o comportamento das pessoas. Também propôs a importância da imagem e das percepções do espaço geográfico que as pessoas tinham como mapas mentais, moldados a partir de suas circunstâncias e experiências.

O estruturalismo sugeriu que as fontes de explanação encontravam-se nas estruturas ocultas do empoderamento e controle, subjacentes aos diferentes tipos de sociedade. O marxismo era uma dessas teorias estruturalistas que relacionavam as distribuições de riqueza e de pobreza ao funcionamento de uma sociedade capitalista. Os efeitos espaciais, como as áreas de pobreza nas cidades e outras regiões subdesenvolvidas, podiam ser compreendidos nesses termos.

## Reações à teoria geral

O pós-modernismo é talvez mais bem conhecido como um estilo de arte e arquitetura, em específico, caracterizado pela diversidade de suas formas e ausência de uniformidade. Alguns dos mais espetaculares edifícios de Paris, como em Les Halles e em partes de La Défense, podem ser colocados nessa categoria. O pós-modernismo também tem um significado mais geral como um movimento contra a teoria geral, ou "metanarrativas", e a afirmação da importância das diferenças e pluralidades. É esse aspecto que mais afetou a geografia humana.

O pós-estruturalismo é uma posição que se baseia fortemente na "conexão francesa", ou a sucessão de teóricos críticos franceses que tinham grande influência na geografia humana por volta do início dos anos 1970. Mais uma vez, há uma forte oposição à teoria geral, mas um interesse maior na linguagem, nos sinais e na interpretação de textos. Isso foi descrito como um questionamento das relações entre as situações e as formas nas quais elas estão representadas.

A análise de discurso é uma abordagem que nos possibilita revelar as motivações ocultas atrás de um texto ou atrás do método utilizado para interpretá-lo. A busca é menos para uma resposta a um problema específico do que uma compreensão das condições a ele subjacentes e das afirmações nas quais ele está baseado. A análise de discurso é

GEOGRAFIA

> geralmente vista como um produto do pós-modernismo, devido à rejeição deste último à ideia de um sistema geral de crenças, e devido à sua própria visão de um mundo que é inerentemente fragmentado e heterogêneo.

O interesse no marxismo diminuiu, em boa medida, talvez devido aos seus fundamentos históricos, assim como ao desaparecimento do "Estado socialista". No debate entre a estrutura (forças mais profundas) e a agência (tomadores individuais de decisão), a diversidade desta última ganhou preferência sobre a hegemonia da primeira. O debate abriu as portas receptivas da geografia humana cada vez mais; a teoria social e posteriormente a "teoria crítica" ganharam aceitação mais ampla. À medida que o pós-estruturalismo e o pós-modernismo sucederam o debate estruturalista (ver quadro), outros teóricos tornaram-se forças influentes. Houve uma importante expansão da influência de intelectuais franceses, como Louis Althusser, o teórico social; Roland Barthes, o crítico cultural; Jacques Derrida, o filósofo linguista; e Michel Foucault, o historiador. O tipo de teorias que eles produziam dispensava as metanarrativas ou a teoria geral e focalizava as diferenças e os múltiplos significados da linguagem e do texto.

Esse padrão de ideias e teorias derivativas, ou o recurso à literatura fora da corrente dominante da geografia humana, não era novo. Park e Burgess, que introduziram o influente modelo de Chicago para a estrutura e o crescimento da cidade, eram ecologistas sociais; Kevin Lynch, que realizou os trabalhos iniciais sobre as imagens na cidade, era arquiteto. Mas a nova onda era de ideias, reinterpretações e teorias, mais que de evidência baseada em pesquisa.

## A geografia humana contemporânea

A geografia humana contemporânea desenvolveu-se a partir desse padrão de mudança de paradigmas e alteração de prioridades. Ela se moveu de uma análise simples e direta das relações entre pessoas, assentamentos e ambientes para um estudo de relações muito mais complexas e diversas. Pode-se argumentar que o fio condutor do espaço, lugar e ambiente ainda está lá, ao menos para muitas linhas de estudo, mas sua natureza agora é muito diferente. O prefácio a um estudo dos espaços da pós-modernidade trouxe uma definição que captura as recentes mudanças:

> A geografia humana é aquela parte da teoria social interessada em explicar os padrões e processos espaciais que capacitam e constrangem as estruturas e ações da vida cotidiana. Ela fornece uma descrição das maneiras nas quais os complexos processos socioculturais, econômicos e políticos atuam através do tempo e do espaço. (Dear; Flusty, *The Spaces of Postmodernity*, 2002, p.2.)

Essa definição está muito distante das ideias mais antigas sobre pessoas, assentamentos e ambiente, mas o custo é uma difusão e uma diversidade de posicionamentos nos quais é difícil de discernir um núcleo comum de esforço. Emergiram abordagens pós-modernas que enfatizavam a heterogeneidade

GEOGRAFIA

da existência humana, as diferenças e a diversidade no interior das populações humanas e a pluralidade de geografias humanas. Entre as coisas que muitos geógrafos humanos, ao menos para o momento, parecem ter perdido no caminho são a forte tradição empírica da pesquisa baseada em evidência, a base científica, os estudos regionais e a análise das interações entre as pessoas e seu ambiente natural. Eric Sheppard, um geógrafo canadense, fala da divergência entre a análise espacial, com seus componentes de quantificação, os padrões espaciais, a ciência empírica e a teoria geral, e a nova teoria social, com suas combinações da economia política com a teorização qualitativa.

Contra essa base de argumento e contra-argumento, podemos reconhecer um número de tendências distintas ou encontrar caminhos de reconciliação? Existem algumas afirmações resumidas que podem ser feitas. A geografia humana pode agora ser descrita com segurança como uma confederação frouxa de abordagens e ideias que frequentemente entram em conflito umas com as outras. Algumas dessas abordagens, tais como o debate pessoas/ambiente e a tradição cartográfica, retornam aos anos anteriores da disciplina e continuam a ter ressonância. Outras, como a análise espacial e o estruturalismo, tiveram impactos importantes na redefinição da direção e das metodologias da disciplina e, embora sejam agora contestadas, mantêm uma presença e uma forte herança.

Dentro desse padrão de mudança de paradigma, muito das chamadas geografias sistemáticas (ou adjetivas) persistiram e floresceram. A geografia humana ficou organizada em torno de tais temas sistemáticos, como a geografia histórica, a geografia urbana, a geografia econômica, a geografia política e a geografia populacional, tanto para definir propostas de currículos de cursos de graduação quanto para reunir acadêmicos com interesses compartilhados de pesquisa. Essas divisões com seus descritores são frequentemente mantidas, mas tenderam a (1) se subdividir em mais áreas específicas, ou (2) formar novos grupos que trabalham nos interstícios e nas sobreposições entre as geografias sistemáticas (Figura 12).

As mais recentes inovações, tais como o pós-modernismo e a teoria crítica, produziram a diversidade que agora caracteriza a disciplina. De um lado, elas produziram um poderoso debate intelectual; de outro, mostraram pouco interesse nas tradições da geografia humana ou nas diferentes abordagens.

## A "volta cultural"

Um bom exemplo das idas e vindas na geografia humana desde os anos 1980 é a denominada "volta cultural". Ela se tornou uma força maior de mudança, particularmente no Reino Unido e em algumas outras partes do mundo de língua inglesa. O termo "volta cultural" foi usado para descrever uma mudança fundamental nas abordagens do estudo da geografia cultural (ver quadro). Esse, entretanto, não foi o limite de sua influência e teve impacto em muitos ramos da geografia humana, como a geografia econômica e política, e submeteu seus objetos de estudo a uma maior consideração

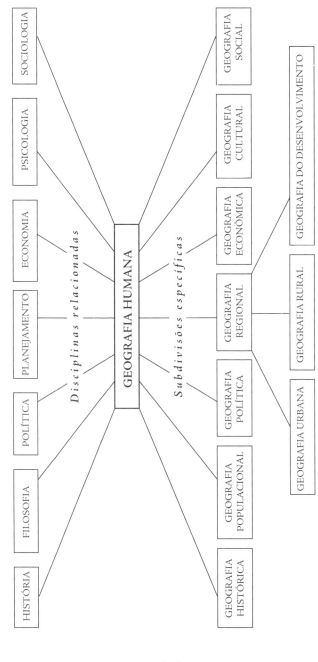

Figura 12. Geografia humana: suas subdivisões específicas e os vínculos com disciplinas relacionadas.

JOHN A. MATTHEWS • DAVID T. HERBERT

da especificidade cultural e histórica. A essência da volta cultural, portanto, é que ela sugere que grandes áreas da geografia humana devem ser refundidas em um molde similar. Essa não é uma posição geralmente aceita, e em muitas partes do mundo, incluindo os Estados Unidos, a volta cultural teve um impacto muito mais silencioso que no Reino Unido. No entanto, alguns falavam em "guerras culturais": a geografia não é uma terra tranquila.

## Geografia cultural

A geografia cultural tradicional estava fortemente enraizada nas relações entre pessoas, os assentamentos e os ambientes naturais; o termo "ecologia cultural", que era frequentemente utilizado, significava essa interação. A cultura em si é um termo difícil de definir, mas é sobretudo entendida como um modo de vida com expressões materiais (construções e artefatos) e não materiais (linguagem, religião e costumes). A geografia cultural desenvolveu conceitos como área cultural e região cultural para identificar territórios caracterizados por traços culturais comuns.

A nova geografia cultural distanciou-se das expressões da cultura para um foco muito mais forte nos significados e nos valores subjacentes a esses artefatos e atividades. Os geógrafos culturais foram atraídos muito mais para as teorias da linguagem e os estudos dos significantes e símbolos. Todas as formas de representação, incluindo a arte, a arquitetura, os escritos de ficção, o filme e a música ganharam significância, no sentido de que elas podiam ser utilizadas para derivar significados e percepções. Don Mitchell (geógrafo estadunidense) concluiu que o foco está nas formas nas quais as relações sociais particulares fazem a

GEOGRAFIA

interseção com os processos gerais, com base em lugares reais e estruturas sociais que lhes dão significado.

A teoria não representacional é uma nova abordagem que destaca o desempenho e o conhecimento incorporado; ela avança na direção das interpretações da cultura com base na prática. O foco não está nos resultados dos processos culturais, mas no desempenho e nas representações que levam a esses resultados.

## Volta de quê?

A geografia cultural tem uma presença consagrada na geografia. Em muito da sua história ela foi baseada na objetividade, no estudo dos artefatos e nas impressões visíveis das pessoas na paisagem. A Figura 13 descreve uma paisagem do País de Gales rural, e a partir dela podem ser "lidos" os aspectos-chave de sua evolução para um assentamento humano. É uma forma dispersa de assentamento com fazendas espalhadas em campos fechados. Ele é principalmente pastoril, como demonstrado no tipo de pecuária evidente nos campos. Alguns dos serviços centrais, como a escola e a capela no primeiro plano, estão isolados das pessoas às quais servem, mas atuam como lugares de confluência. As altas pastagens, levemente cobertas de neve nessa fotografia, serão usadas como pastos de verão para os quais o gado será movido naquele período do ano. Na tradição rural de Gales, havia uma *hendre*, ou uma casa de fazenda, e uma *hafod*, ou uma moradia de verão, apenas ocupada naquela época do ano. Tudo isso e muito mais pode ser lido dentro da paisagem.

{99}

Figura 13. Uma paisagem rural no centro do País de Gales.

Do início do século XX em diante, Carl Sauer, a liderança da geografia cultural do momento, e sua "Escola de Berkeley" desenvolveram todo o amplo espectro da geografia cultural e da ecologia cultural relacionada. A escola ofereceu a evidência das diferenças entre grupos culturais e suas relações com os ambientes. A tese geral de Sauer está baseada nesses princípios e nos estudos detalhados da paisagem e seus itens, tais como os celeiros de tabaco do Meio-Oeste e os "marcadores" da região de cultura mórmon, como as igrejas, as ruas amplas, os característicos montes de feno. A cultura foi frequentemente definida como um modo de vida, e a paisagem, como o palimpsesto, era o espelho no qual esse modo de vida podia ser visto e a sua herança traçada ao longo do tempo. Sauer e seus seguidores estavam menos preocupados com os "funcionamentos internos da cultura" do que com o efeito da cultura tal como ela funcionava para o mundo.

## Aspectos centrais da nova geografia cultural

A nova geografia cultural da última parte do século XX estava precisamente interessada no funcionamento interno da cultura, o próprio elemento que a geografia cultural tradicional escolheu ignorar. Os novos geógrafos culturais desejavam distanciar-se das noções de cultura como realidade objetiva, visível e material. Eles acreditavam na cultura como um processo socialmente construído, mantido ativamente pelas pessoas e flexível no seu envolvimento com outras esferas da vida humana e de significado. A nova geografia cultural não estava interessada nos padrões de artefatos e nas formas de comportamento, mas nos sentidos subjacentes a esses objetos e atividades. Isso foi descrito como o meio pelo qual as pessoas transformam os fenômenos comuns do mundo material em um mundo de símbolos significativos que dá sentido e acrescenta valor àqueles fenômenos. Todos reconhecem a influência de Raymond Williams, o crítico social britânico, que descreveu a cultura como o sistema significante através do qual (embora entre outros meios) uma ordem social é comunicada, reproduzida, experimentada e explorada. A cultura, portanto, pode ser vista como um conjunto de sistemas significantes com textos aptos a múltiplas leituras. Assim, o tema da geografia cultural mudou de objetos e coisas, como os celeiros de tabaco e implementos agrícolas, para todas as formas de representação, incluindo símbolos, gestos, palavras e expressão artística (tais como a arte, a literatura ficcional e a dança): ou seja, para imagens que *criam* significados.

Que lições podem ser aprendidas dessa breve revisão da geografia cultural? A nova geografia cultural enriqueceu a mais ampla disciplina da geografia humana. Uma característica definidora foi buscar uma abordagem da geografia cultural totalmente dimensional. Entretanto, a geografia cultural mais antiga não foi substituída, e os dois enfoques continuaram lado a lado, em geral coexistindo com relativa independência. As filosofias sociais, das quais os novos geógrafos culturais retiraram seus estímulos intelectuais, têm pouca relevância não apenas para as abordagens anteriores mas também para a geografia física como praticada hoje.

Noel Castree, um geógrafo britânico, captura o sentido das preocupações sobre essa mudança, que são amplamente difundidas: "Em pouco mais de uma década, os fundamentos morais e explanatórios dissolveram-se no ar, apenas para serem substituídos por uma pletora de filosofias alternativas, teorias e técnicas". A afirmação de que a nova geografia cultural se estende por toda a geografia humana como uma força modificadora e redefinidora pode estar superestimada. Pode-se também argumentar que os novos geógrafos culturais caem na falácia de assumir que as construções sociais têm mais substância e influência causal do que é o caso. Finalmente, a volta cultural introduziu novas áreas temáticas, categorias e lentes através das quais o mundo pode ser visto. Temas como o racismo, o feminismo e a sexualidade ganharam novas posições na geografia humana e esse, indubitavelmente, foi um de seus impactos positivos.

## Introduzindo novos temas: redefinindo outros

A emergência de temas como o racismo, o feminismo e a sexualidade como áreas centrais para o estudo da geografia humana pode ser associada ao foco nos sentidos e valores subjacentes aos lugares e atividades que foram tão fortemente promovidos na nova geografia cultural. Além disso, sua emergência é uma lembrança de que a geografia humana não estava funcionando em um vácuo e que tendências similares estavam sendo experimentadas ao longo de uma gama de disciplinas, particularmente nas ciências sociais. Usamos a palavra "emergência", mas, em alguma medida, ela é enganosa. Os geógrafos sociais, por exemplo, têm um interesse de pesquisa consolidado na segregação étnica e nas formas que ela assume com o tempo. De modo semelhante, há estudos sobre os idosos na cidade que há muito precedem as novas abordagens culturais. As análises das pessoas mais velhas em uma cidade estadunidense as descreveram como "prisioneiras do espaço", das quais o espaço de vida percebido estava limitado ao lar, à vizinhança imediata e aos lugares lembrados de um passado distante.

## Gênero e sexualidade

O movimento feminista foi particularmente forte no último quarto do século XX e entre suas relevantes questões estava aquela que aborda os papéis das mulheres em espaços e lugares planejados basicamente pelos homens de uma classe e etnia específicas. Muitas partes da área varejista central da cidade, por exemplo, são amplamente utilizadas por mulheres, ainda que elas tivessem pouco contribuído para o planejamento de tais áreas. Os espaços abertos, os parques e os bosques são considerados pelos homens como áreas principais de recreação e lazer, embora para as mulheres, sobretudo nas horas do final do dia, sejam lugares frequentemente inseguros a ser evitados ou a ser utilizados com receio. A noção de vulnerabilidade

## GEOGRAFIA

pode ser estendida a outros grupos, como os mais idosos, aqueles com deficiências e as crianças.

De forma similar, está claro que as normas heterossexuais tendem a ser aplicadas para a organização do espaço, e para as pessoas homossexuais há ainda dificuldades de planejamento e acesso que devem ser superadas. Foi mostrado que os simples gestos de afeto por casais homossexuais, como o abraço, não são tolerados como atos públicos em muitas sociedades predominantemente heterossexuais. Os espaços públicos impõem seus próprios códigos de aceitação e, notoriamente, o comportamento *gay* pode levar à vitimização e ao abuso. Uma resposta é criar espaços para homossexuais; outra pode ser participar em atividades como as paradas que declaram apoio à diversidade sexual. Outros espaços, como aqueles usados pela Liga Nacional de Basquetebol Feminino nos Estados Unidos, são frequentemente percebidos como espaços "lésbicos", quando, de fato, seu papel fundamental é um foco para o esporte feminino; a conexão lésbica é, no máximo, parcial.

Em outras palavras, os espaços e lugares tão frequentemente tratados de maneira uniforme pelos geógrafos humanos tinham diferentes sentidos para diferentes tipos de pessoas. Esses mundos sociais mantêm um conjunto de emoções e valores que necessitam ser entendidos. A consciência sobre esses tipos de consideração foi uma das formas pelas quais os princípios da nova geografia cultural permearam o espectro da geografia humana.

{105}

JOHN A. MATTHEWS • DAVID T. HERBERT

## Etnicidade e raça

Há uma longa tradição no estudo da segregação étnica na geografia humana. Ela seguiu principalmente o caminho das técnicas em desenvolvimento, como os quocientes de localização e os índices de dissimilaridade para medir a extensão da segregação residencial étnica nas cidades, com uma enxurrada de análises após cada censo nacional. Tais estudos sempre tiveram suas dimensões explanatórias que buscavam equilibrar e compreender as influências variáveis de limitações, de um lado, e de escolha, de outro. Por que alguns grupos étnicos se empenham em permanecer segregados é uma interessante questão. A resposta, ao menos para as comunidades chinesas de Nova York, parece residir no seu desejo de manter a linguagem e os costumes de suas áreas originais de residência.

Os estudos de segregação têm sido ligados aos processos de migração e às crescentes concentrações de pobreza dentro das áreas urbanas; as áreas de pobreza tendem a ser ligadas aos migrantes recentes e a certos grupos étnicos. A palavra "processo" é importante nesse campo de estudo, dado que a mudança é uma característica, e a designação dos "realmente desfavorecidos", ou os grupos residuais incapazes de melhorar sua qualidade de vida e deixados para trás nos bairros menos desejáveis, captura algo dessa dinâmica urbana.

Um efeito do novo foco nos significados é a maior consciência de que as tendências de segregação estavam sendo estudadas basicamente do ponto de vista do grupo branco

GEOGRAFIA

dominante. Hoje, outra questão está colocada: qual é a percepção de dentro do gueto ou do agregado étnico emergente? Termos como "exclusão social" ganharam proeminência e são aplicados a muitos grupos minoritários. Assim, podemos argumentar que as formas diversas de estar no mundo deveriam ser vistas como legítimas e que os "grupos de fora" não deveriam ser estigmatizados ou excluídos da tendência dominante. Há um interesse no conceito de diáspora, ou a dispersão de grupos específicos, e o papel da cidade que os recebe como um lugar de memórias, emoções e o sentido de pertencimento.

No modelo tradicional, muita ênfase foi colocada na assimilação como um processo, e frequentemente argumentou-se, por exemplo, que foram necessárias três gerações para assimilar novos imigrantes nas sociedades que os receberam. O modelo oferece um exemplo do impulso de setores da sociedade com poder para reduzir ou eliminar diferenças e obter aceitação. Isso ignora o fato de que a assimilação completa não é possível para imigrantes pobres e grupos minoritários (embora as distinções nos processos de assimilação entre, por exemplo, a assimilação cultural e a econômica tenham sido reconhecidas há muito tempo). Enquanto uma abordagem preferencial pode ser tolerar a diferença e a diversidade em uma sociedade multicultural, as circunstâncias políticas argumentam contra a ideia de sociedades dentro de sociedades, ou subculturas, pois isso pode ameaçar a hegemonia existente.

JOHN A. MATTHEWS • DAVID T. HERBERT

## Mudando as geografias humanas sistemáticas

O que denominamos geografias humanas sistemáticas, tais como a geografia econômica, a geografia populacional e a geografia histórica, têm uso comum, mas são frequentemente substituídas por abordagens muito mais focadas em temas. Um breve olhar ao que está acessível nos departamentos das universidades britânicas mostra que esses temas estão refletidos em módulos de cursos atualmente disponíveis, como os serviços urbanos; as questões e problemas globais; a geografia do dinheiro e do consumo; memória, espaço e lugar; as geografias do ciberespaço; e a geografia do afeto e das emoções. O termo plural "geografias" é geralmente usado para enfatizar a variedade de abordagens que agora existe.

Alguns comentadores dos papéis das geografias sistemáticas mais tradicionais argumentam que eles experimentaram o impacto mais amplo da "volta cultural". A economia, por exemplo, não é mais um objeto de estudo autoevidente, porque as práticas econômicas e culturais "se derramam" crescentemente umas nas outras e se misturam. Um enfoque relacional integraria os aspectos econômicos, sociais, culturais, institucionais e políticos da geografia humana e se distanciaria das categorias sistemáticas puras. Essa interpretação, entretanto, é contestada: muitos geógrafos econômicos ignoram o debate em torno das afirmações da volta cultural. Além disso, na Grã-Bretanha, ao menos, os economistas têm utilizado crescentemente os métodos rigorosos da ciência espacial, e são eles que

GEOGRAFIA

oferecem uma "nova" geografia econômica baseada em evidência e enfrentam os problemas existentes na sociedade.

Geografias do desenvolvimento têm um forte conteúdo econômico, mas também demonstram a importância de reconhecer o poder dos fatores culturais e políticos. Tradicionalmente, a geografia do desenvolvimento estudou as disparidades entre diferentes países do mundo e as causas subjacentes a essas disparidades. Há muito tempo existe uma distinção entre países mais desenvolvidos e países menos desenvolvidos, com a adição dos países recentemente industrializados para reconhecer a mudança. Os países eram colocados em categorias definidas por medidas tais como o produto interno bruto (PIB) e os índices de desenvolvimento humano (IDH), que combinam medidas como a expectativa de vida e os níveis de escolaridade. As causas são muitas, mas existem explanações mais amplas, como a teoria da dependência, que sugere que os países menos desenvolvidos continuam a ser explorados pelos países mais desenvolvidos e pelo investimento corporativo global. As organizações como as Nações Unidas e o Banco Mundial são os principais atores das tentativas de diminuição das disparidades, e há estudos detalhados das dívidas carregadas pelos países menos desenvolvidos. O peso da dívida permanece e é exacerbado pelas guerras civis, pela inanição e pela manifestação de doenças pandêmicas como a aids. A política de desenvolvimento é também um tema importante que cobre tanto a "benevolência" dos países mais desenvolvidos quanto as atitudes dos países menos desenvolvidos com respeito à mudança.

{109}

Questões de sustentabilidade figuram de forma crescente na geografia do desenvolvimento à medida que as tensões entre o desenvolvimento e as necessidades do ambiente tornam-se mais claras. Aqui, novamente, os países mais desenvolvidos e os menos desenvolvidos podem ter agendas bastante separadas. Também há uma forte consciência da necessidade de evitar o abandono dos modos locais de agricultura e as economias nativas e do uso dos canais consultivos que estão disponíveis.

A geografia política moveu-se da geopolítica e da ideia dos centros de poder global para os estudos de identidade, empoderamento, resistência, mobilidade e diferenças, e das formas pelas quais esses elementos atuam no espaço geográfico.

A geografia urbana espelhou algumas vezes tendências em outros lugares e foi fortemente influenciada, por exemplo, pela geografia humanística, que trouxe os estudos de temas como o grafite como marcador territorial, e a geografia cultural com seu interesse nos valores afetivos e emoções vinculadas a bairros da cidade. Tendências mais amplas, como o crescimento das questões de gênero e sexualidade na geografia, definiram os estudos das formas pelas quais os diferentes grupos ocupam o espaço urbano. Na frente conceitual, os estudos das cidades e da vida urbana atraíram a aplicação de ideias pós-modernas, a teoria pós-estruturalista e a análise crítica do discurso.

Como nos movemos dos posicionamentos conflitantes que frequentemente emergem para algum tipo de convergência? Um claro e comprometido comentário de uma geógrafa britânica é útil:

## Geografia

Embora este livro seja intitulado *Social Geographies*, ele não reivindica ocupar um espaço intelectual distinto, que possa ser identificado ou isolado de outras áreas tradicionais subdisciplinares, como a geografia cultural ou a geografia política. Em vez disso, as geografias sociais plurais, que emergem aqui, são um produto poroso – uma expressão das muitas conexões e inter-relações que existem entre diferentes campos da investigação geográfica. (Valentine, *Social Geographies: Space and Society*, 2001, p.1.)

O sentimento é de "aberturas"; um desejo de definir e defender um estilo particular de abordagem e tema, mas também uma disposição em reconhecer e aprender de outras abordagens. Isso também serve como uma declaração do "estado da arte" atual e oferece uma boa base a partir da qual a geografia humana pode progredir.

## Para onde vão os estudos empíricos e baseados em evidência?

### Aspectos de um debate geral

Uma característica distintiva da geografia humana sempre foi seu forte conteúdo empírico, que é uma característica tanto de sua pesquisa quanto de suas aplicações no mundo real. As mais antigas tradições, como a exploração, a descoberta e o trabalho de campo, todas envolviam uma coleta cuidadosa de informações e dados. Muito desse material era qualitativo e descritivo e formava as bases dos relatórios de expedições e dos estudos regionais; muito era quantitativo e mensurável, tais como os dados para a cartografia, cartas e a produção de mapas. A análise espacial e a "revolução quantitativa" dos anos 1960 colocaram tudo isso em evidência e conduziram os geógrafos humanos a utilizar as muitas diferentes fontes de dados então disponíveis. À medida que as imagens de satélite e o sistema de informação geográfica se desenvolveram nas suas aplicações para a geografia humana, o alcance dos dados e suas análises uma vez mais aumentaram.

Contra essa tradição empírica contínua na geografia humana e suas expressões em pesquisa baseada em evidência, são duas as principais tensões internas à disciplina que funcionam em direções opostas. Primeiro, o conceito de dados e análise estatística é um anátema a muitos aderentes à nova geografia cultural. A "revolução quantitativa", ou a mudança para uma abordagem mais científica e de mensuração, é considerada por eles como a "idade das trevas", uma "ciência diabólica" e um ponto baixo na emergência da geografia humana. Sua abordagem, fundada em ideias abstratas e na busca qualitativa de significados, geralmente tem pouco tempo para os dados, e certamente nenhum para a mensuração. Em segundo lugar, as teorias gerais ou as metanarrativas encontradas nas várias formas de estruturalismo, de modo similar, têm pouco tempo para o empirismo e os estudos de caso. Durante os anos 1990, quando os estudos de casos qualitativos do mundo real tornaram-se a abordagem dominante, havia uma forte reação contra o que os geógrafos marxistas nomearam a "volta empírica".

Ambos os posicionamentos necessitam de qualificação. Os geógrafos culturais podem renegar o valor da estatística ou dos *surveys* sociais, mas eles reivindicariam que sua busca por

# Geografia

significados por detrás de áreas, paisagens e atividades ilumina nosso entendimento do mundo. Os teóricos gerais argumentariam que suas interpretações das estruturas ocultas possibilitariam a obtenção da causalidade e da explanação. No entanto, há custos significativos em distanciar-se das tradições empíricas da geografia humana. Um é a relevância; o outro é o envolvimento. Como afirma o geógrafo canadense Derek Gregory:

> Se não nos importarmos com o mundo, se o tratarmos meramente como uma tela sobre a qual expor nosso domínio de alta técnica, ou como um catálogo que serve para fornecer exemplos de nossa elevada teoria, então nós abandonamos qualquer perspectiva de uma geografia humana genuína. (Gregory, Geographies, Publics and Politics, *Progress in Human Geography*, v.29, p.182-93, 2005.)

## A continuidade na pesquisa baseada em evidência

Felizmente, a tradição empírica e a pesquisa baseada em evidência, que têm aplicação aos problemas e assuntos que a sociedade enfrenta, estão longe de estar ausentes da geografia moderna. Os estudos detalhados feitos por geógrafos dos dados de censos continuam a nos informar sobre a natureza e a extensão da mudança populacional. Tanto as estruturas demográficas quanto as distribuições das populações na maioria dos países estão longe de serem estáticas, e uma compreensão desses fatos é essencial, por exemplo, na provisão de serviços públicos. A migração e a mobilidade sempre caracterizaram as populações humanas, e movimentos populacionais muito significativos continuam a afetar muitos países. Novas confederações, notavelmente a alargada União Europeia, possibilitaram migrações de trabalho em larga escala que, geralmente, conduzem à residência permanente. A migração por aposentadoria na Europa e na América do Norte tornou-se um aspecto importante. O deslocamento de pessoas e as agitações e os conflitos que parecem endêmicos em muitas sociedades produziram um fenômeno relativamente novo, ao menos em escala, dos requerentes de asilo, que buscam uma vida melhor e mais segura nas sociedades mais avançadas.

Os geógrafos humanos estudaram e interpretaram ambos os processos de mudança e seus efeitos. A urbanização e a emergência de grandes cidades continuam a ser um tema forte dentro da geografia humana. Os estudos da *globalização* estimularam debates importantes tanto no nível conceitual quanto no empírico. O geógrafo canadense Wayne Davies definiu a globalização como:

> Os crescentes fluxos espaciais globais, a interdependência das pessoas, a informação, bens, a organização e os estados que conectam as pessoas e lugares em escala mundial, e estão criando mudanças nas estruturas e nas organizações da sociedade e dos lugares. (Davies, Globalization: A Spatial Perspective, em *Unifying Geography*, 2004, p.189-214.)

Um dos mais visíveis impactos da globalização é a propagação de companhias transnacionais, com marcas como a Coca-Cola e o McDonald's obtendo o surgimento ubíquo em cidades pelo mundo. Há temas centrais apresentados pela

GEOGRAFIA

globalização. Essas forças globais contínuas pela uniformidade fazem submergir as diferenças locais e regionais? As histórias e as culturas locais são suficientemente robustas para manter as identidades claras? São esses os interesses dos principais agentes do poder econômico e do político que conduzem a agenda da globalização? São seletivos nas suas estratégias de promoção e controle? Como apontou a geógrafa britânica Doreen Massey, o conceito de livre comércio em um mundo sem fronteiras é contestado em áreas onde o controle estrito continua a existir. Há o perigo do que ela chama "manipulação duvidosa das imaginações geográficas".

A geografia urbana tem um interesse permanente nas distribuições desiguais das vantagens e das desvantagens nas cidades. Há estudos, por exemplo, sobre as áreas de pobreza, as áreas de privações múltiplas, e áreas onde a incidência de crimes ocorre de forma desproporcionalmente alta. As abordagens-padrão incluíram a busca por indicadores territoriais que permitem alguma medida da extensão das concentrações e do alcance dos problemas localizados nos bairros em maior desvantagem. As estatísticas censitárias de pequenas áreas fornecem importantes fontes de dados, e o ajuste fino desses dados alterou as divisões para a enumeração de distritos e códigos postais. O permanente debate sobre a "loteria do código postal"[1] refere-se ao fato geográfico humano de que

---

1 Expressão britânica relacionada à distribuição dos serviços públicos nas cidades. Há áreas mais favorecidas que outras. (N. T.)

{115}

as chances de sua vida estão geralmente relacionadas a onde você vive; alguns bairros são privilegiados, enquanto outros são desfavorecidos. Além da medida de concentração e a classificação de bairros em uma tipologia baseada em indicadores selecionados, os geógrafos moveram-se para análises mais aprofundadas sobre a qualidade de vida dentro de áreas específicas. Em geral, as questões relacionam-se à especificidade do lugar e suas influências; se há subculturas ou conjuntos locais de valores e comportamentos internos aos traços mais gerais da sociedade.

Aliadas aos estudos mais tradicionais das áreas de pobreza, há análises da exclusão financeira e as formas nas quais segmentos da população são excluídos do acesso a empréstimos, a fundos hipotecários e ao crédito. Além disso, há estudos geográficos dos significados do lugar e da existência de valores afetivos associados a bairros específicos que podem protegê-los da pressão das forças de mercado, ao menos no curto prazo. O clássico estudo de Beacon Hill em Boston, onde por muitos anos os grupos residentes foram capazes de resistir à incursão das atividades comerciais e a manter o caráter de sua vizinhança, foi um exemplo inicial dessa abordagem; assim como há estudos similares mais recentes de Shaughnessy Heights, em Vancouver. Em outra frente, há um novo foco no consumo que vai além das abordagens consolidadas para centros de varejo, padrões de compra e provisão de serviços para os mundos menos compreendidos dos mercados de segunda mão, setores informais e feiras de artigos usados.

## Geografia

Figura 14. Gentrificação da área central da cidade: Elder Street, Spitafields, Londres, onde casas anteriormente deterioradas foram reformadas e melhoradas para as categorias profissionais.

A gentrificação é um processo em que áreas residenciais mais antigas, especialmente na parte central da cidade, são reformadas e movidas dentro do ciclo de mudança e regeneração de moradias. A Figura 14 mostra uma rua gentrificada no distrito de Spitafields, em Londres. As casas de dois andares foram reformadas e modernizadas sendo mantidas suas fachadas originais. Boa parte da gentrificação ocorre no setor privado, embora haja importantes iniciativas do setor público, frequentemente ligadas a projetos estratégicos, como a recuperação econômica da área central da cidade, importantes instalações esportivas e culturais e projetos de docas. O processo motivou um vivo debate sobre as causas que cobre muitos aspectos de interesse dos geógrafos humanos. A gentrificação é um produto de escolhas variáveis no mercado residencial e, portanto, conduzida pelas preferências do consumidor? Isso é parcialmente verdade, e um mercado de trabalho variável com seu foco em empregos em serviços e uma maior representação de mulheres na força de trabalho profissional é um condutor desse processo de mudança. O lado negativo é que aqueles capazes de fazerem escolhas são os primeiros que se mudam e tem havido um significativo deslocamento de domicílios de baixa renda, com um incremento e uma redefinição de custos que ocorrem sob esses esquemas. O outro fator-chave é a mudança estrutural e as estratégias de investimento das grandes agências motivadas pelos retornos lucrativos. A gentrificação é um processo complexo que envolve residentes, passado e futuro, proprietários, investidores, instituições financeiras,

GEOGRAFIA

planejadores e autoridades municipais. São essas últimas que devem fazer a mediação entre as ambições dos empreendedores e as necessidades das populações locais.

A geografia regional tem sido uma parte tradicional da geografia humana, embora ela pertença à geografia como um todo. As geografias regionais tendem a refletir análises de escala intermediária, com a preocupação com os agregados e geralmente com narrativas descritivas. Os geógrafos culturais tendem a mover a escala para o micro, com uma ênfase no corpo e na identidade e na primazia do indivíduo. Afirmou-se, por exemplo, que as preocupações tradicionais com as regiões, os lugares e as paisagens tornaram-se mediadas pelas preocupações com a identidade e o corpo. Também tem sido proposto, por exemplo, que o uso por Jean Baudrillard da imagem dos signos e símbolos na paisagem estadunidense, como os painéis de propaganda e alguns tipos de arquitetura, é agora uma representação mais válida de uma "região". Uma abordagem qualitativa e impressionista que permite que significados sejam lidos dentro do "texto" é preferível àquela que envolve descrição empírica, dados e mensuração. Como um contraponto, Christopher Butler, o historiador de Oxford, descreve como um ultraje a afirmação de Baudrillard sobre a irrealidade essencial da cultura na qual vivemos. Claramente, há espaço para debate! O progresso da região pode ser traçado da noção de diferenciação de território para o ambiente e *genre de vie* e então para o espaço funcional da ciência regional e os significados do lugar e das relações sociais nas abordagens sociais e culturais. A geografia regional concorre com o tema do "local" em um mundo globalizado, e essa é uma das muitas áreas da geografia humana nas quais a evolução do pensamento proporcionou uma mudança radical.

# Capítulo 4
## A geografia como um todo: o terreno comum

O quadro que emerge de nossas discussões até agora é o de um campo diverso de estudos. A descrição "um amplo conjunto de interesses" é frequentemente aplicada e é bastante adequada para a amplitude dos tópicos e abordagens atualmente investigados pelos geógrafos físicos e humanos. A proposta deste capítulo é buscar e demonstrar o terreno comum, as ligações que mantêm a geografia unida como uma disciplina única e que lhe proporcionam uma identidade unificada. A princípio, definimos brevemente os mais importantes conceitos e práticas compartilhados e então enfocamos cinco áreas de pesquisa, conhecimento e estudo que denominamos "geografia integrada". Isso demonstra, por exemplo, o papel distintivo e importante realizado pela geografia como um todo.

## Conceitos e práticas compartilhados

Os aspectos unificadores que mantêm a geografia unida podem ser definidos conforme apresentados a seguir. Primeiro, identificamos a existência de conceitos centrais: o espaço, o lugar e o ambiente. Associados a estes, há conceitos genéricos que servem como moeda comum no interior da geografia, incluindo o tempo, o processo e a escala. É importante reconhecer que a geografia não tem o monopólio desses conceitos (mesmo aqueles descritos como núcleo central). Eles são utilizados por muitos campos de conhecimento, mas é a maneira de sua utilização pelos geógrafos que lhes dá distinção.

Foram as práticas fundadoras da geografia – como o regionalismo, a geografia histórica e o ambientalismo – que levaram ao reconhecimento da geografia como um assunto digno de estudo. Elas são sustentadas pelo foco da geografia na natureza e na cultura, e, portanto, na sua capacidade de atuar como uma ponte entre as ciências naturais e as ciências sociais. Hoje, há muitas questões centrais de pesquisa que apenas podem ser feitas combinando a geografia humana e a geografia física: exemplos delas, como as inquietações postas à sociedade pela exploração de recursos, os desastres naturais e a mudança ambiental global, estão detalhados na segunda parte deste capítulo. Existem, além disso, partes da geografia, talvez mais bem exemplificadas pela ideia de paisagem, que requerem uma abordagem unificada. Isso também está desenvolvido em uma seção separada a seguir. Finalmente, a continuidade da pesquisa geográfica e da educação em universidades depende da manutenção da identidade da geografia como um tema único.

## A geografia integrada

O termo "geografia integrada" reconhece explicitamente aqueles aspectos da disciplina que incluem as dimensões físicas e humanas. Há uma certa ironia no fato de que, em um momento de sua história em que há ainda mais especialização, a necessidade da geografia integrada seja maior que nunca. Isso requer um reconhecimento renovado das qualidades distintivas e da herança intelectual da geografia como um todo. O objetivo aqui não é fazer uma defesa de alguma "Era Dourada" passada da geografia quando a integração era a norma, nem é ignorar o valor dos desenvolvimentos modernos. Em vez disso, é demonstrar que há muitas abordagens integradas para o estudo da geografia que têm provado capacidade de adaptação aos temas modernos. Em cada um dos cinco campos da geografia integrada a serem discutidos, a interação entre os geógrafos físicos e os geógrafos humanos persistiu. Várias combinações do núcleo da geografia e os conceitos genéricos são enfatizados; e está ilustrada a impossibilidade de responder a certas importantes questões sobre a Terra e suas pessoas sem um enfoque geográfico integrado.

## A geografia regional

A geografia regional pode ser definida como uma descrição, análise e síntese do lugar. Ela dominou a geografia do início a meados do século XX e, como tal, é frequentemente considerada

JOHN A. MATTHEWS • DAVID T. HERBERT

como uma fase no desenvolvimento da disciplina. A geografia regional não é, entretanto, meramente um interesse histórico, uma vez que continua a ter um papel central na pesquisa e nas políticas. Os geógrafos permanecem comprometidos com a pesquisa regional, com a análise e a explanação das diferenças regionais, com o teste das teorias gerais no contexto regional, com as políticas de desenvolvimento para regiões específicas e com a solução de problemas em lugares específicos. De fato, não menos que nove Grupos Especialistas da Associação dos Geógrafos Americanos têm foco essencialmente regional, cobrindo os Estados Unidos, o Canadá, a América Latina, a África, a Europa, a Ásia, a China e a Rússia (com a Eurásia Central e o Leste Europeu). Adicionalmente, a maioria dos geógrafos, mesmo aqueles que não reivindicam um foco regional em seu trabalho, na prática desenvolvem pesquisa em áreas limitadas da superfície da Terra sobre as quais eles são mais informados.

Como a moderna geografia regional se diferencia da geografia regional tradicional? Ela não pode mais ser caracterizada pela "diferenciação de áreas" do geógrafo estadunidense Richard Hartshorne, ou pelas descrições regionais dos Manuais da Inteligência Naval Britânica, ou certamente dos livros-texto posteriores que eles inspiraram. A implicação de todos esses trabalhos foi que cada região era única e relativamente homogênea com limites fechados: a distinção não estava sempre clara entre a realidade regional, onde uma região pode fundir-se imperceptivelmente em outra, e o método regional, que pode ser aplicado em qualquer lugar. Os estudos geográficos modernos de regiões não são realizados de forma isolada, mas levam em conta as relações de múltiplas escalas com conexões até a escala global. As regiões são agora delimitadas para fins específicos, de acordo com critérios específicos: elas tendem a ser consideradas mais como dispositivos metodológicos do que partes geralmente distinguíveis da superfície da Terra.

Que tipo de pesquisa está envolvida na geografia regional moderna? Isso complementa a ênfase na generalização e na globalização com a consideração da especificidade do lugar, dos efeitos locais dos processos globais e dos processos localmente gerados. A distância não é mais importante para algumas atividades econômicas e sociais globais, mas, ao mesmo tempo, as forças locais são perpetuadas e novas forças são geradas pelas diferenças culturais. Os problemas particulares que a geografia regional enfoca são frequentemente associados às desigualdades espaciais e ao desenvolvimento desigual, com importantes implicações para as agendas políticas e as políticas governamentais.

Os estudos geográficos da África ilustram alguns dos temas contemporâneos de pesquisa da geografia regional no contexto do mundo em desenvolvimento. A simples teoria de que o crescimento da população humana leva à degradação ambiental e ao declínio agrícola, por exemplo, tem se mostrado uma simplificação exagerada. Muitos fatores do ambiente biofísico e humano (o último incluindo, por exemplo, o acesso ao mercado, à propriedade de terra, à inovação tecnológica e à política) interagem de formas complexas para determinar se

JOHN A. MATTHEWS • DAVID T. HERBERT

o sistema de produção é sustentável. Onde essas condições ambientais são favoráveis, os sistemas de produção importados baseados em tecnologias avançadas e financiados por injeções massivas de ajuda externa aos governos podem produzir uma intensificação agrícola rápida e sustentável. Tais esquemas, entretanto, em geral falham, devido às condições desfavoráveis. Nessas diferentes circunstâncias, os sistemas indígenas e/ou as facilidades de provisão de microcrédito diretamente aos pobres podem fornecer uma base mais apropriada para o desenvolvimento. A intervenção do Estado na reforma agrária, nas corporações multinacionais e no acesso aos recursos locais, nos direitos indígenas e na conservação da vida selvagem, conflitos agrários e pastoris, além das mudanças no papel das mulheres na vida rural e urbana, são outras questões geográficas que envolvem recursos, ambiente e desenvolvimento.

A fome e a inanição na África Subsaariana são um problema regional em que as particularidades do ambiente natural e social estão sendo crescentemente vistas à luz dos valores e percepções de uma nova ordem mundial (Figura 15). A compreensão das bases físicas específicas do problema é importante, incluindo o regime de chuvas, a frequência variável das secas, a qualidade do solo e as condições de hábitat sob as quais os vetores de doenças proliferam. Da mesma forma, são importantes a pressão crescente da população e seu impacto ecológico, os efeitos do comércio de escravos e da era colonial, as divisões étnicas internas e as diferenças religiosas, a globalização e a interferência política externa e o fracasso generalizado

GEOGRAFIA

Figura 15. Uma das 380 famílias de pastores abrigados no acampamento El Hache, na província do Nordeste, no Quênia, depois de perder seus rebanhos para a severa seca que se estendeu por toda a África Oriental após o fracasso da estação chuvosa em outubro de 2005, dando sequência a uma década de poucas chuvas.

da liderança política africana. Existem dimensões geográficas similares para problemas muito diferentes colocados em outras regiões do mundo, que envolvem o desmatamento da Amazônia, o futuro da Antártica como uma reserva internacional, a ascensão da China como um poder econômico, a difusão do terrorismo no Oriente Médio ou as forças conflitantes de centralização e de delegação dentro da União Europeia. Todas as características da geografia são necessárias para entender as complexidades dos problemas regionais.

JOHN A. MATTHEWS • DAVID T. HERBERT

# Geografia histórica

Essencialmente, a geografia histórica é a geografia do passado. Como um campo de geografia integrado, os conceitos geográficos centrais de espaço, lugar e ambiente são considerados no contexto dos tempos passados. Em geral, isso envolve analisar um lugar específico ou uma região em algum momento ou período do passado (uma "porção de tempo"). Um exemplo clássico disso é a pesquisa meticulosa no Domesday Book,[1] realizada por H. C. Darby, sediado no Departamento de Geografia da Universidade de Cambridge. O Domesday Book contém uma fonte de informações sobre a geografia da Inglaterra no ano de 1086 d.C., logo após a conquista dos normandos. A partir dessa fonte, Darby quantificou e mapeou a população humana, a área e o uso dos bosques, o número de animais de fazenda e as variações regionais na economia, incluindo as rendas.

Uma segunda abordagem envolve o uso da evidência do passado para ajudar a entender o mundo presente, incluindo o reconhecimento daqueles fenômenos da paisagem atual ("as relíquias") que foram herdados do passado. Exemplos de tais relíquias na atual paisagem incluem os vales em U herdados dos tempos glaciais; as rotas de transporte que seguem o curso das estradas romanas (como o Caminho de Fosse que

---

1 O Domesday Book é o mais antigo registro público da Inglaterra, da era pré-industrial, e consistiu em um amplo *survey* sobre a terra e seus recursos, encomendado em 1085 por Guilherme I após a invasão normanda (fonte: www.nationalarchives.gov.uk). (N. T.)

GEOGRAFIA

vai de Exeter a Lincoln); os Norfolk Broads, antes considerados lagos naturais, mas agora conhecidos por serem originados do corte de turfa nos séculos XIII e XIV; e os muitos aspectos das áreas urbanas e industriais que formam o patrimônio moderno da Revolução Industrial.

Uma terceira abordagem investiga as mudanças ao longo do tempo em um fenômeno específico ou em uma paisagem inteira (uma "sequência temporal"). Aqui podemos usar o exemplo da história dos assentamentos Norse na Groenlândia, colonizados pela Islândia por volta do ano de 985 d.C. e que duraram por volta de quinhentos anos. O Assentamento Ocidental durou até meados do século XIV, ao passo que o povo do Assentamento Oriental morreu por volta do fim do século XV. O declínio coincidiu com a "Pequena Era do Gelo", e a questão intrigante é se houve uma relação causal. As condições climáticas certamente deterioraram: as sepulturas daqueles que morreram foram subsequentemente encobertas no *permafrost*, que apenas descongelou no século XX. As quebras de colheita teriam aumentado em frequência conforme o clima deteriorou, e as conexões com o mundo externo por barco ficaram mais difíceis pela extensão do mar de gelo. Contudo, as causas exatas ainda precisam ser estabelecidas. Outros fatores implicados incluem: a superpopulação, a degradação do solo e a erosão levando a rendimentos decrescentes; a incapacidade dos colonizadores de mudar seus valores culturais e estilo de vida e, desse modo, se adaptar às condições variáveis; os conflitos com a população nativa inuíte, cuja economia era baseada no ecossistema marinho e era mais sustentável; a infertilidade congênita em uma população consanguínea e o comércio declinante com a Europa.

Assim como a geografia regional, a geografia histórica diversificou-se consideravelmente, indo além de ser uma mera fornecedora de um catálogo descritivo da mudança histórica. As relações próximas com a história permanecem e há um sentido no qual toda geografia é geografia histórica. A maioria das atividades humanas e dos fenômenos naturais que ocorrem na superfície da Terra é de potencial interesse para os geógrafos históricos modernos. Ao focalizar a mudança ambiental natural e a evolução da paisagem natural, os geógrafos físicos que investigam a dimensão histórica têm feito isso amplamente, sem referência à geografia histórica. A tendência recente tem sido a de os geógrafos culturais dominar a geografia histórica, com ênfase nas formas diferentes em que lugares e paisagens podem ser moldados e experimentados por pessoas que diferem em bagagem social, nacionalidade, etnicidade, classe, renda, gênero ou idade.

A mudança nos tempos modernos, portanto, foi de um foco na materialidade, nas formas físicas e nos artefatos, para um foco baseado em processos culturais. Por exemplo, há novas ênfases no simbolismo da paisagem e nos significados dos quais ela é imbuída. A geografia histórica sempre teve a sua própria diversidade, e isso está mantido em recentes projetos, como os estudos sobre a praga de 1665, o colonialismo de negócios, a história arquitetônica da Ponte de Londres e os

GEOGRAFIA

sítios de memória de Pierre Nora. Contudo, o geógrafo britânico Michael Williams, em uma revisão da evolução das paisagens históricas, destaca o papel das relações de classe e das
alternativas "formas de ver" a paisagem. Seu argumento é pela
reconciliação entre os enfoques contrastantes, aceitando que
as paisagens compreendem nuances e realidades tangíveis e
intangíveis. Assim como com as outras formas de geografia
humana, esse é outro exemplo da necessidade de abordagens
mais tradicionais para concorrer com os novos focos em simbolismo, significados e valores.

A abordagem da compreensão da interação humano-
-ambiente ao longo do tempo fornece uma ilustração particularmente pertinente da geografia integrada. Ela pressupõe
que as mudanças tanto biofísicas quanto culturais são conhecidas ou podem ser reconstruídas sobre a mesma escala temporal.
Há uma longa tradição de reconstrução dos ambientes biofísi-
cos associada a sucessivas fases da ocupação humana de diferentes partes da superfície da Terra e à inferência sobre como
as pessoas tiveram impacto sobre seu ambiente durante o desmatamento, o assentamento, a drenagem da terra, a transfor-
mação rural, a urbanização, a industrialização e o comércio. A
reconstrução do antigo ambiente natural dos povos pré-histó-
ricos e posteriores geralmente envolve a especialidade científica
da geografia física, da arqueologia ambiental, da antropologia e de outras ciências. Mesmo assim, essa é uma tarefa relativamente fácil em comparação com a atribuição de causas e,
especialmente, a compreensão dos processos de decisão dos

{131}

homens envolvidos nos tempos passados. O impacto humano foi variável no espaço e no tempo e foi condicionado, entre outros fatores, pelas percepções variáveis das pessoas sobre o ambiente natural e a mudança tecnológica. Além disso, as próprias concepções de natureza e as ideias sobre as relações das sociedades com os ambientes naturais mudaram e têm uma história, assim como uma geografia.

## A geografia da interação humano-ambiente

A interação recíproca entre o ambiente natural e as pessoas é o conceito-chave de uma geografia integrada. Ela forneceu a mais forte *rationale* para estabelecer a geografia como uma disciplina separada durante o "Experimento Geográfico", e continua a fornecer uma forte justificativa acadêmica para a geografia física e a geografia humana permanecerem juntas no mesmo departamento universitário. Dois dos maiores subtemas interconectados podem ser identificados: primeiro, estudar os efeitos complexos de ambientes naturais diferentes nas sociedades e suas atividades; e, segundo, entender a natureza e a extensão dos impactos humanos benéficos e adversos nos diferentes ambientes. Os dois subtemas pressupõem conhecimento suficiente dos padrões e processos geográficos humanos e físicos relevantes, operando tanto no ambiente natural quanto na sociedade humana.

As tentativas dos geógrafos em conceitualizar e teorizar sobre como o ambiente interage com a sociedade tiveram

## GEOGRAFIA

A  Determinismo ambiental

B  Materialismo tecnológico

C  Sistemas adaptativos

Figura 16. Três modelos da interação ambiente-humano: (A) "determinismo ambiental"; (B) "materialismo tecnológico"; e (C) "sistemas adaptativos".

um sucesso contraditório. O papel histórico do determinismo ambiental no início do século XX, que retratou os efeitos ambientais como vínculos causais simples e diretos entre, por exemplo, o clima e as características humanas, ou o declínio das civilizações [Figura 16(A)], era fundamentalmente falho. Desde então, a natureza complexa, indireta e reflexiva das relações ambientais da sociedade foi reconhecida, e modelos alternativos e mais sofisticados foram propostos, dois dos quais estão apresentados na Figura 16(B) e (C).

O "materialismo tecnológico" reconhece o importante papel da tecnologia na mediação tanto da forma de o ambiente afetar a sociedade quanto na de a sociedade afetar o ambiente. A forma como as pessoas veem seu ambiente geralmente reflete a extensão na qual a exploração de recursos é possível, dada a ajuda tecnológica disponível para elas. Em outras palavras, a tecnologia pode ser um fator capacitador. A invenção do arado, por exemplo, capacitou as sociedades agrárias a intensificar o uso da terra e a aumentar a produtividade. Por sua vez, isso levou a maiores impactos humanos na fertilidade do solo e na erosão. De modo similar, quase toda inovação tecnológica tem potencial para afetar de alguma forma as relações humano-ambiente.

No modelo de "sistemas adaptativos", as interações entre o ambiente e a sociedade são mediadas por muitos outros fatores sociais, culturais, econômicos e políticos. Assim, há muitas relações recíprocas com circuitos de retroalimentação, como está indicado na direção das flechas entre os compartimentos na Figura 16(C). Esses aspectos do modelo refletem as complexidades das formas nas quais os ambientes são percebidos e utilizados, e a capacidade de a sociedade desenvolver mecanismos adaptativos e modificar suas estratégias através do tempo. A adaptação humana ao risco de inundação fornece um bom exemplo. Nas sociedades modernas, em boa parte das vezes, isso toma a forma de esquemas de engenharia que protegem contra inundações que ocorrem provavelmente uma vez a cada século ou dois. Essa solução tem sido adotada

GEOGRAFIA

como um resultado da interação entre demandas sociais, custos econômicos e pressões políticas. Isso representa uma possível resposta para a inundação – não necessariamente a melhor estratégia – que evoluiu ao longo do tempo.

O trabalho geográfico que enfoca os efeitos do ambiente na sociedade contribui, por exemplo, para compreender a exploração dos recursos naturais e a vulnerabilidade das pessoas diante dos riscos naturais. Um recurso natural inclui qualquer coisa no ambiente natural que possa ser explorada pela sociedade, mas o que é explorado como um recurso em um lugar particular depende não apenas de sua disponibilidade mas também do que aquela sociedade valoriza e escolhe explorar. As sociedades em diferentes lugares ou em diferentes períodos podem perceber os recursos de forma diferente, devido a diferentes valores culturais, níveis de tecnologia ou considerações econômicas e políticas. O posicionamento sobre a vida selvagem é um bom exemplo a esse respeito: para alguns, ela é considerada uma fonte de alimento, tal como a "carne de caça", ao passo que para outros ela deve ser preservada para a posteridade ou explorada de formas distintas pelos turistas. A geografia dos recursos naturais, portanto, delineia, nos dois casos, a natureza biofísica do recurso e muitos aspectos do ambiente humano associado.

A distinção entre os recursos renováveis e não renováveis é importante nesse contexto. Os primeiros, como os solos, a água fresca, as florestas e os peixes, são regenerados pelos processos biológicos ou ambientais e podem ser colhidos indefinidamente, desde que a produção sustentável não seja excedida.

Mas a exploração de tais recursos está aumentando a uma taxa mais rápida que a população mundial: desde os anos 1950, a demanda mundial por água triplicou, a captura de peixes quadruplicou e o consumo de alimentos aumentou seis vezes. As inovações tecnológicas na agricultura, o suprimento de água, a silvicultura e a pesca provaram ser capazes tanto de incrementar a produção quanto de exceder a produção sustentável, o que pode levar ao esgotamento dos recursos e à degradação de geoecossistemas inteiros. Frequentemente ocorrem efeitos em cadeia através de sistemas políticos e econômicos, como exemplificado pelas chamadas "guerras pela água" no Oriente Médio e em outros lugares, onde a captação das águas dos rios e das águas subterrâneas a montante levou ao fornecimento limitado a jusante. As reservas de recursos não renováveis, como os combustíveis fósseis e os minérios metálicos, que são em provisão limitada devido à sua lenta formação por processos geológicos, podem ser diminuídos e exauridos (embora a reciclagem seja possível em alguns casos, notadamente os metais). As mudanças tecnológicas e/ou os valores sociais variáveis podem levar a um aumento da exploração, mas eles podem também ser capazes de incrementar as reservas, reduzindo o uso ou criando substitutos, que reduzem a taxa de esgotamento e diminuem a probabilidade de exaustão. A exploração de recursos renováveis e não renováveis, portanto, levanta os temas da produção e do consumo, do manejo e da sustentabilidade, da conservação e da preservação, tudo o que tem dimensões geográficas importantes.

Geografia

Vários desses temas sobre recursos são exemplificados pelo uso das águas subterrâneas nas terras áridas. De um lado, a tecnologia criou uma paisagem produtiva e provocou "o florescimento de desertos". Isso está apresentado na Figura 17, na qual as áreas circulares produtivas produzidas por *sprinklers* de tubulação rotativa contrastam dramaticamente com a paisagem estéril no seu entorno. O lado negativo dessa admirável conquista é, em geral, a diminuição de longo prazo das reservas de águas subterrâneas a uma taxa mais rápida que a recarga natural dos aquíferos pela chuva nas regiões do entorno. Esse fato pode demandar o racionamento de água. Além disso, a salinização em geral resulta em produtividade reduzida e em consequente desertificação provocada pela acumulação de sais, que seguem a evaporação da água do solo. A Organização das Nações Unidas para a Alimentação e a Agricultura (FAO) estimou que 125 mil hectares de terra são perdidos no mundo a cada ano devido à salinização.

A vulnerabilidade das pessoas aos riscos naturais fornece uma segunda ilustração dos efeitos do ambiente sobre as pessoas. Os riscos naturais são eventos naturais extremos que representam um perigo para os sistemas humanos. Eles incluem eventos meteorológicos, geológicos e biológicos, mas os riscos da poluição de causa humana e as doenças que ameaçam a saúde humana são geralmente excluídos. Os impactos severos dos riscos geofísicos – como os terremotos, as erupções vulcânicas, as inundações e os ciclones tropicais – comumente têm consequências desastrosas para a sociedade. Mas o mesmo

{137}

John A. Matthews • David T. Herbert

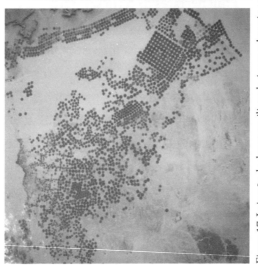

Figura 17. Irrigação do deserto utilizando águas subterrâneas bombeadas: (A) campos circulares verdes nas areias amarelas da Arábia Saudita vistos do espaço pelo ônibus espacial Columbia; (B) um único campo perto do Kibutz Gyulot, no norte do Deserto de Negev, Israel, mostrando o pivô central do sistema de irrigação por *spray*.

nível de periculosidade pode ter impactos amplamente diferentes em diferentes sociedades com diferentes vulnerabilidades. Geralmente, em um ano, em torno de 250 mil pessoas morrem devido a acidentes naturais, mais de 80% delas em países em desenvolvimento. Os recentes exemplos são fornecidos pelo tsunami ocorrido em 26 de dezembro de 2004 (também denominado Boxing Day tsunami), que afetou as populações em torno das praias do Oceano Índico, e o terremoto de Kashmir, no Paquistão, em 2005. Em contraste, os custos econômicos em termos de danos à propriedade e à interrupção dos negócios tendem a ser maiores no mundo desenvolvido, desmentindo as falsas noções de que as sociedades tecnologicamente avançadas são as menos vulneráveis, e que elas são menos vulneráveis hoje do que no passado. Isso foi demonstrado graficamente tanto pela inundação de Nova Orleans que seguiu o furacão Katrina em 2005 quanto pelas inundações do sudeste da Inglaterra causadas pelas chuvas prolongadas no verão de 2007. As populações humanas e a riqueza continuam a crescer em lugares perigosos, conduzidas pela necessidade de exploração de recursos disponíveis e, frequentemente, descuidando do risco ou desconhecendo-o. A geografia integrada tem a tarefa de levar totalmente em conta o risco biofísico e o contexto cultural.

## A geografia da mudança global

A variação espacial até a escala global e a variabilidade temporal em escalas de tempo de relevância para a ocupação humana da Terra têm sido há muito tempo importantes conceitos no interior da geografia integrada. Assim, o interesse da geografia na mudança global não é novo. O interesse pode ser registrado tanto dentro dos temas previamente discutidos da geografia histórica quanto da geografia da interação humano-ambiente. Contudo, a mudança global tornou-se recentemente um tema dominante em si, largamente devido às preocupações mais amplas sobre a magnitude, a taxa e a direção das mudanças atuais no ambiente biofísico e humano. Por um lado, os impactos humanos de escala global no ambiente biofísico agora atingem uma extensão que muitos acreditam ameaçar a futura existência da humanidade em si. Por outro lado, a globalização das comunicações, das organizações, da informação e as outras formas de interação humana têm profundas implicações para a natureza dos padrões econômicos, sociais e políticos dentro do ambiente humano.

A mudança global passou a referir-se ao passado imediato, ao presente e às iminentes mudanças futuras afetando a antroposfera – a superfície da Terra modificada pelo homem. As taxas sem precedente de mudança durante o Antropoceno – os últimos duzentos anos (ver quadro no Capítulo 2) –, especialmente durante os últimos cinquenta anos, são ilustradas por alguns indicadores-chave do ambiente natural e humano na Figura 18. Essas mudanças globais são conduzidas direta ou indiretamente por uma população humana rapidamente urbanizada que agora excede 6 bilhões de pessoas e está estimada para atingir entre 7,3 e 10,7 bilhões por volta do ano 2050. Assim, embora

# Geografia

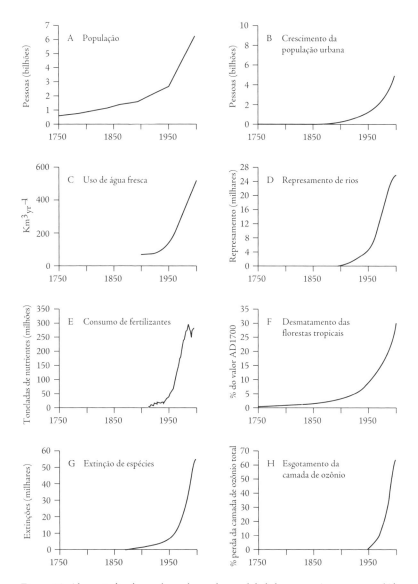

Figura 18. Alguns indicadores-chave da mudança global durante o Antropoceno: (A) crescimento da população mundial; (B) crescimento da população urbana; (C) uso de água fresca; (D) represamento de rios; (E) consumo de fertilizantes; (F) desmatamento das florestas tropicais; (G) extinção de espécies; e (H) esgotamento da camada de ozônio.

JOHN A. MATTHEWS • DAVID T. HERBERT

a "pegada geoecológica" de cada pessoa tenha aumentado, há uma maior preocupação com o impacto humano geral, que se estima ter aumentado 200% desde 1960.

As taxas de mudanças associadas à era eletrônica, como o crescimento do transporte aéreo, os acordos internacionais, as companhias transnacionais, os telefones móveis e os usuários da internet, têm sido, em alguns casos, ainda mais rápidas e ubíquas. Em 1985, nem o telefone móvel nem a internet existiam, mas no ano de 2000 havia mais de 800 milhões de telefones móveis e em torno de 1 bilhão de usuários de internet. A extensão e a taxa global nas quais as atividades humanas, que vão da poluição do ambiente natural à organização da sociedade, transformaram o mundo e seus sistemas de funcionamento significam que há poucos exemplos passados, se é que algum existiu, para guiar as futuras ações. Contudo, isso não erradica as preocupações geográficas tradicionais com o espaço, o lugar e o ambiente; em vez disso, nossa atenção é reenfocada à medida que as realidades da tecnologia da informação e seus impactos variáveis têm que ser acomodados.

A geografia integrada tem assim um papel importante a exercer nesse campo da interface entre as dimensões humana e biofísica da mudança global. Especificamente, esse papel inclui: (1) documentar e monitorar os padrões espaciais locais e regionais de mudança; (2) compreender os processos de interação e explanar seus efeitos em diferentes lugares; (3) desenvolver políticas para a mitigação dos impactos ambientais em escala local a global; e (4) contribuir para estruturas éticas.

# Geografia

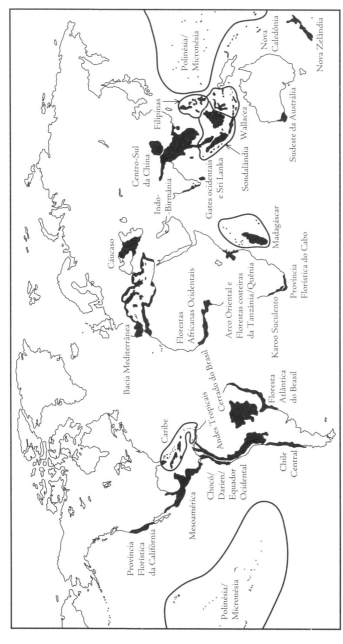

Figura 19. *Hotspots* de biodiversidade: as 25 principais *hotspots*, onde grandes quantidades de espécies endémicas estão sob ameaça, estão nomeadas e sombreadas.

Um bom exemplo é dado pelas chamadas "*hotspots*" de biodiversidade (Figura 19). Elas são definidas como áreas com excepcional concentração de espécies endêmicas, também ameaçadas pela perda do hábitat. Como um todo, elas contêm estimados 44% de todas as plantas de flores e 35% de todas as espécies animais no interior de quatro grupos (mamíferos, pássaros, répteis e anfíbios). A maioria são florestas tropicais, ilhas tropicais ou regiões mediterrâneas. Pode-se argumentar que as *hotspots* estão onde há a maior necessidade de conservação, ainda que, em cerca de 12% da superfície terrestre da Terra, elas sejam o lar para cerca de 20% da população mundial. Além disso, a taxa de crescimento da população de 1,8% (1995-2000) nas *hotspots* excede a média global de 1,3%; e apenas 38% da área das *hotspots* é atualmente protegida em parques nacionais ou outros tipos de reservas. Assim, existem aspectos geográficos inescapáveis para as questões científicas, práticas e éticas que os indivíduos, os homens de negócios e governos têm que abordar.

## A geografia da paisagem

Geograficamente, o conceito de paisagem refere-se a uma parte da superfície da Terra vista como um todo, incluindo um conjunto de fenômenos, suas características e aqueles aspectos do ambiente biofísico e humano que são influentes. Alexander von Humboldt definiu a paisagem como "*Der totale Character einer Erdgegend*" (O caráter total de uma região da Terra). Como

# GEOGRAFIA

tal, ela engloba os três conceitos-chave da geografia – espaço, lugar e ambiente – e pode reivindicar ter dado aos geógrafos seu elusivo "objeto de estudo". Ele permanece elusivo, contudo, porque existem numerosas formas diferentes de ver as paisagens pelos geógrafos e pelos outros. Assim, por exemplo, elas podem ser tudo o que se segue: as configurações particulares de relevos, a vegetação, o uso da terra e o assentamento; mosaicos de ecossistemas interativos; sistemas holísticos de mais alto nível que incluem atividades humanas; matrizes de pixels em imagens de satélites; ou cenários que têm valores estéticos determinados pela cultura. Na geografia, a ênfase tradicional estava na morfologia ou na forma visível da paisagem, mas essa é apenas uma das maneiras de os geógrafos modernos verem a paisagem.

Por volta de meados do século XX, o geógrafo alemão Karl Troll foi a força principal no desenvolvimento da abordagem geoecológica para a geografia integrada, baseada na paisagem vista como o produto de processos naturais e humanos. Essa abordagem pode ser considerada como o estímulo inicial para a emergência, no final do século XX, do campo interdisciplinar da ecologia da paisagem, para a qual os geógrafos russos, estadunidenses e holandeses também foram colaboradores importantes. A ecologia da paisagem é definida como:

> o estudo da variação espacial nas paisagens em uma variedade de escalas. Ela inclui as causas biofísicas e societais e as consequências da heterogeneidade da paisagem. (International Association of Landscape Ecology, IALE Mission Statement, *IALE Bulletin*, v.16, p.1, 1998.)

JOHN A. MATTHEWS • DAVID T. HERBERT

As ideias da ecologia da paisagem tiveram uma influência importante sobre os geógrafos à medida que eles se afastaram de uma ênfase na topografia em direção a uma compreensão mais profunda das interações processuais e de como as paisagens funcionam e mudam como sistemas holísticos. Na geomorfologia, por exemplo, a mudança da paisagem é vista como o envolvimento de materiais sedimentares com várias entradas e saídas de massa e energia; as interações entre uma gama de processos Terra-superfície, o substrato e a vegetação e a cobertura do solo; e os eventos de depósito e erosão que podem variar em magnitude e frequência ao longo do tempo. Um bom termo para isso é "dinâmica da paisagem". De forma similar, na sua contribuição à ciência quaternária, os geógrafos físicos interpretam suas seções através de depósitos sedimentares e seus núcleos de sedimentos como um resultado de muitos processos interativos da paisagem, compelidos por fatores naturais e antropogênicos. A ecologia da paisagem moderna foi fortemente afetada e facilitada pelo desenvolvimento do sensoriamento remoto e pelos sistemas de informação geográfica. Essas tecnologias foram definidas para descrever e analisar padrões e mudanças nas paisagens e são altamente aplicáveis para a gestão da paisagem e para o planejamento da paisagem.

Os geógrafos humanos, por sua vez, não estão mais interessados apenas naqueles aspectos das paisagens refletidos na cultura material, mas estão agora mais preocupados com os processos sociais, culturais e políticos subjacentes que produzem a paisagem e com os significados e valores associados a eles.

# GEOGRAFIA

Os geógrafos humanos ainda reconhecem sua dívida com Carl Sauer e sua abordagem da ecologia cultural para a paisagem, mas agora adotam uma variedade de interpretações. A paisagem como um palimpsesto, por exemplo, encoraja a interpretação evolucionária da paisagem. A paisagem como gosto e valor enfoca a alteração da paisagem para refletir as ondas atuais. Os geógrafos humanistas buscam considerar as interpretações da paisagem por pintores e escritores como as suas formas de observar. As descrições da paisagem como um processo social, um texto ou uma identidade refletem tentativas de ler dentro da paisagem as forças humanas que a formaram. A paisagem tornou-se um conceito que permanece central para a geografia humana. Isso é evidente na descrição do conceito pelo geógrafo estadunidense Denis Cosgrove, como aquilo que fornece um foco sobre as partes visíveis do mundo, sugerindo a unidade e a ordem no ambiente, e como um registro das intervenções humanas. Embora algumas das interpretações geográficas da paisagem possam acomodar essa diversidade, o desafio central de integrar as qualidades físicas e humanas da paisagem permanece.

Um dos enfoques mais promissores para a geografia da paisagem é produzir sobre os fundamentos da ecologia da paisagem, investigando as complexidades das paisagens como sistemas naturais e humanos acoplados. O estudo integrado de tais sistemas pode revelar padrões, processos e surpresas não evidentes quando são estudados separadamente por geógrafos físicos e humanos. Isso é bem exemplificado pelas investigações

JOHN A. MATTHEWS • DAVID T. HERBERT

interdisciplinares na Reserva Natural de Wolong, na China, para proteger os pandas-gigantes em perigo. Esses estudos mediram variáveis que vinculam os sistemas natural e humano, tal como a coleta de lenha, assim como os mais óbvios aspectos da paisagem física e cultural, como os números de pandas e o hábitat da vida selvagem, de um lado, e os números de humanos e as estratégias de conservação, de outro.

O panda-gigante é altamente dependente da floresta de bambu, que forma seu hábitat e fornece as folhas de bambu, que são seu principal alimento. À medida que as florestas próximas das moradias locais em Wolong foram esgotadas pela coleta de lenha para cozinhar e aquecer, a lenha para cozinhar foi crescentemente coletada da floresta de bambu, levando à deterioração do hábitat e ameaçando o panda com sua extinção. Isso levou o governo chinês a estabelecer a reserva e tomar medidas de conservação para beneficiar tanto pandas quanto humanos. Apesar da redução da população residente humana local, devido à sua migração para trabalhar em cidades, a demanda por lenha cresceu, e o hábitat dos pandas degradou após o estabelecimento da reserva mais rapidamente que antes. Isso foi parcialmente resultado do consumo de produtos locais por grandes fluxos de turistas que chegavam de todas as partes do mundo para ver os pandas. A degradação do hábitat foi também afetada pelo aumento inesperado do número de moradias, cada uma delas tendo recebido um aumento substancial de renda de subsídios obtidos como parte da estratégia de conservação. A proliferação de moradias mais que

GEOGRAFIA

neutralizou a redução do número de pessoas por domicílio, levando a um aumento na demanda por lenha, que, na sequência, ameaçou os pandas.

Esse exemplo demonstra que um tipo de geografia da paisagem integrada pode produzir resultados tanto interessantes quanto úteis. Ele relaciona a estrutura espacial e os processos subjacentes da paisagem natural e cultural de uma forma unificada para o registro das intervenções humanas e tentativas de remodelar o mundo. Isso também vai em direção à captura da essência da paisagem e da essência da geografia.

## Um futuro compartilhado ou caminhos separados?

Não obstante as dependências mútuas enfatizadas neste capítulo, é claro pela história recente e pela prática corrente da geografia humana e física que a disciplina como um todo enfrenta um dilema. Por um lado, o passado compartilhado da geografia física e humana e os conceitos que elas têm em comum as mantêm juntas. Por outro, as diferenças entre elas, no referente a temas e abordagens, que foram destacadas nos capítulos 2 e 3, respectivamente, sugerem divisões e, ao menos, os inícios de caminhos separados de desenvolvimento.

As semelhanças são mais aparentes entre a geografia física e aqueles aspectos da geografia humana que podem ser descritos como pertencentes à tradição da ciência social. Os aspectos da geografia humana que cabem na tradição das humanidades são mais difíceis de acomodar em uma única estrutura intelectual com a tradição da ciência natural da geografia física. Entretanto, isso não diminui o fato de que a geografia física ainda tem um papel essencial no núcleo da geografia integrada. O dilema, portanto, que é provavelmente o principal desafio dos geógrafos hoje, é se e como a disciplina da geografia como um todo pode manter-se unida. Esse tema será novamente tratado nos últimos capítulos do livro.

# Capítulo 5
## Como os geógrafos trabalham

Este capítulo volta àqueles aspectos da geografia referentes aos métodos e às aplicações. Ele procura responder a duas questões. A primeira: quais são as competências que capacitam os geógrafos a entender seu mundo ou, em outras palavras, quais são as ferramentas de trabalho do geógrafo? A segunda questão é: a contribuição feita pela geografia à sociedade faz diferença?

## Os métodos e as competências centrais da geografia

Através da sua história, a geografia construiu uma reputação como disciplina empírica, e a prática da geografia aplicada continua a ter considerável ressonância. De muitas formas, essas qualidades foram inevitáveis. A geografia iniciou com os mapas enquanto produtos da exploração e da descoberta, e o registro cuidadoso de dados, e essas foram as ferramentas essenciais para uma ampla gama de empreendimentos humanos. A geografia desenvolveu-se com a compilação de inventários de regiões e lugares, os blocos básicos para muito do nosso edifício de conhecimento sobre a superfície da Terra. O chamado "método comparativo", que envolveu a comparação de diferentes combinações de fatores afetando diferentes lugares na superfície da Terra, foi frequentemente o primeiro passo para obter uma compreensão mais profunda.

Foi um curto passo para os papéis como gestores do espaço, do lugar e do ambiente. A classificação e o mapeamento dos relevos, do clima, da biota e dos solos propiciaram e ainda propiciam, em muitos aspectos, uma base geográfica não apenas para a compreensão científica da mudança do ambiente natural e dos impactos humanos mas também para os campos aplicados de exploração e de conservação de recursos e a mitigação dos efeitos humanos. Na Grã Bretanha, os primeiros usos dos *surveys* sobre o uso da terra prenunciaram as principais contribuições dos geógrafos para o movimento de planejamento do campo e da cidade como um todo. Os esforços das potências coloniais e pós-coloniais em explorar e melhorar o destino dos muitos países em desenvolvimento eram dependentes do conhecimento e da compreensão da base de recursos.

O geógrafo como professor informa as crianças e os adultos sobre a natureza do mundo no qual vivem; sobre a sua ordem natural e a diversidade cultural. Essas são competências úteis, mas como nós as identificamos e traçamos seu desenvolvimento na geografia moderna? Como a maioria das coisas, algumas resistiram, enquanto outras diminuíram sua significância. Talvez mais importante, competências muito novas emergiram e se situaram dentro do domínio da geografia (Figura 20).

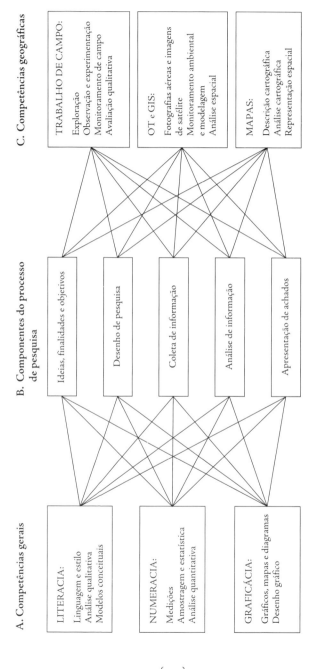

Figura 20. As competências-chave da geografia: (A) as competências gerais e (C) as competências especificamente geográficas estão apresentadas em relação aos (B) componentes do processo de pesquisa.

JOHN A. MATTHEWS • DAVID T. HERBERT

## Trabalho de campo

O trabalho de campo é uma boa competência inicial para identificar. Ele é ainda amplamente praticado como ferramenta de pesquisa e de ensino no currículo da geografia, como um componente essencial da disciplina. Suas origens estão na tradição da exploração: à medida que os intrépidos exploradores abriam caminho através das selvas, cruzavam desertos e atravessavam rios e, efetivamente, navegavam o mundo, eles estavam praticando e desenvolvendo as competências do trabalho de campo. Coletavam informações em primeira mão, observando paisagens e pessoas da forma como as viam, classificando relevos e espécies bióticas e medindo as faixas costeiras e a altura das montanhas. À medida que investigavam terras e lugares desconhecidos, eles tinham vários papéis. Predominantemente, eram europeus ocidentais com visões na mente sobre a descoberta, a riqueza e as colônias, visões que afetavam os relatórios que apresentavam e as políticas que se desenvolviam a partir deles; mas também eram os praticantes de trabalhos de campo. Conforme traziam informações sobre terras e lugares distantes, e as pessoas e culturas que as ocupavam, eles estavam construindo retratos do mundo. Esses retratos seriam refinados no decorrer do tempo, mas foram disseminados para uma população ampla. Um dos produtos do trabalho de campo foi o mapa, a descrição geográfica única da superfície da Terra e as suas características, mas esse é um tema que merece uma consideração em separado.

GEOGRAFIA

O trabalho de campo tornou-se a condição *sine qua non* da prática da geografia; ele permeou a forma de a disciplina ser desenvolvida. Como comentou um decano da geografia física britânica em 1948:

> O campo é a fonte primária de inspiração e de ideias, e ele inspira uma grande parte do assunto e do método de nosso objeto. (Wooldridge, *The Spirit and Significance of Fieldwork*, 1948, p.2.)

Os geomorfólogos estudaram meticulosamente os relevos produzidos pelas principais forças que atuam na superfície da Terra, particularmente aquelas que envolvem a água, o gelo e o vento. Os hidrólogos focalizavam a dinâmica dos rios e seu impacto na paisagem, enquanto os biogeógrafos investigaram as grandes formações de vegetação da Terra e as comunidades vegetais das quais são formadas. O trabalho de campo na geografia física geralmente envolveu a mensuração de coisas como os ângulos de inclinação, a velocidade da água ou as propriedades do solo, e a datação dos materiais de superfície, tudo em amostras de acordo com os projetos de pesquisa cuidadosamente pensados. Esse trabalho de campo produziu uma massa de dados e muitos resultados analíticos, frequentemente orientados para testar hipóteses específicas. As medições levaram ao conhecimento e à compreensão das taxas correntes de operação dos processos de superfície, tais como a erosão e a deposição, e às reconstruções quantitativas da mudança ambiental.

Havia detalhadas descrições dos diferentes tipos de paisagens físicas encontrados na superfície da Terra, mas também

JOHN A. MATTHEWS • DAVID T. HERBERT

muitas teorias e modelos. A ideia de um "ciclo de erosão", sugerindo que as paisagens progridem através de estágios de juventude, maturidade e velhice, foi um dos primeiros modelos. Em uma escala menor, havia teorias para a formação de picos rochosos em áreas de granito e para a pletora de estranhos relevos encontrados nos desertos. A climatologia oferece outro bom exemplo no qual o registro cuidadoso de indicadores-chave, tais como a temperatura e a precipitação, permitia a divisão do mundo em zonas climáticas que podiam, consequentemente, ser compreendidas em termos da circulação geral da atmosfera, da climatologia sinótica e dos sistemas climáticos.

Os novos e tradicionais papéis do trabalho de campo na geografia física podem ser demonstrados pelo exemplo de reconstrução da mudança ambiental quaternária em um sítio na costa norte de Maiorca, no Mediterrâneo ocidental. A erosão das falésias na costa de Caló d'es Cans expôs uma seção através de um leque de depósitos acumulados na foz do riacho d'Es Cocó, que drena uma bacia relativamente pequena no terreno montanhoso (Figura 21). Esse exemplo é indicativo do tipo de registro de campo necessário para reconstruir a sequência de eventos pelos quais a paisagem passou. O estudo de campo foi complementado por muitos tipos de análises de laboratório em amostras de sedimentos e conchas, sendo que o primeiro inclui a datação por luminescência oticamente estimulada (LOE), que estabeleceu a escala temporal.

As muitas camadas na seção refletem os processos variáveis e as flutuações no clima. Por volta de 140 mil anos atrás, a área

# GEOGRAFIA

estava em um interglacial, ou o intervalo entre significativas glaciações, experimentando as condições ambientais que estavam um pouco mais aquecidas do que no interglacial atual (o Holoceno). Naquele tempo, o primeiro sedimento a ser depositado era uma areia eólica (depositada pelo vento), que mais tarde tornou-se cimentada para formar um eolianito, no qual pode ser visto o leito da duna arenosa. Acima dele na seção está uma sequência de camadas produzidas sob condições climáticas geralmente mais frias, mas flutuantes. Essas camadas incluem cascalhos fluviais com pequena variação de tamanho depositados pelos fluxos altamente sazonais do riacho d'Es Cocó e sedimentos coluviais com grande variação de tamanho depositados por processos de declive, tais como os fluxos de detritos. Esses materiais parecem ter sido erodidos quando, paradoxalmente, as condições eram pouco mais secas que atualmente, mas os declives dentro da bacia eram mais suscetíveis à erosão devido à cobertura incompleta da vegetação. Também estão presentes na seção os solos enterrados (paleossolos), que significam fases relativamente estáveis, com o desenvolvimento do solo sob uma cobertura completa de vegetação, a qual interrompeu os episódios de desenvolvimento mais ativo da paisagem. De fato, boa parte da sequência reflete a variação dos climas mediterrâneos através de um ciclo típico interglacial-glacial. A exceção é a ausência, no topo da seção, de sedimentos mais recentes do Holoceno quando, devido às atividades humanas nos declives, a vegetação foi degradada, ocorreu a erosão do solo e o córrego ou o riacho fez uma incisão no leque da superfície.

JOHN A. MATTHEWS • DAVID T. HERBERT

O trabalho de campo, portanto, tem sido há muito tempo uma parte íntima do teste de hipótese, da modelagem e da teoria do desenvolvimento, e essa qualidade permanece. Contudo, à medida que alguns dos problemas de pesquisa mudaram, muitas das medidas técnicas se aperfeiçoaram e os desenhos de pesquisa ficaram mais sofisticados. As medidas evoluíram para o monitoramento ambiental; a observação e a descrição agora compreendem a reconstrução, a manipulação e o experimento; e o trabalho de campo se mistura de forma imperceptível com a tecnologia de informação e o sensoriamento remoto por satélites.

A tradição do trabalho de campo também foi forte na geografia humana. Talvez o tema isolado mais forte tenha sido a ocupação da terra, que levou ao registro do uso da terra. O Survey de Uso da Terra do Reino Unido, organizado por Dudley Stamp nos anos 1930, foi um dos mais amplos *surveys* de campo já realizados. "Exércitos" de voluntários, na maioria estudantes, receberam trechos definidos de campo e andaram em sua volta classificando o uso da terra de acordo com uma tipologia-padrão. Os resultados foram agrupados para produzir mapas do uso da terra. O exercício foi repetido uma vez, e também foi responsabilidade de uma geógrafa, Alice Coleman, nos anos 1960. De forma similar, à medida que a geografia urbana se desenvolvia, o primeiro método foi o trabalho de campo. As informações foram coletadas sobre o uso do solo urbano, sobre os tipos de edificações e as datas de suas construções, sobre os fluxos de pessoas e o tráfego, e sobre

GEOGRAFIA

os padrões de comportamento humano. Além disso, foram desenvolvidos modelos sobre o crescimento urbano, o uso da terra dentro das cidades e as classificações sobre as formas urbanas. Deve ser feita uma menção à Sociedade Le Play, fundada em 1930 e apoiada pelas lideranças da geografia daquele momento. Nas suas expedições, tais como as que foram para os Bálcãs, ela incorporou as qualidades do trabalho de campo geográfico e esse espírito sobrevive. Finalmente, a modo de exemplo, se examinarmos a escola de geografia cultural fundada por Carl Sauer em Berkeley e difundida em muitas partes do mundo, o trabalho de campo sempre foi um de seus componentes essenciais. Essa foi uma das áreas nas quais os esboços de campo eram amplamente utilizados para representar indicadores-chave das paisagens culturais, fossem eles os sistemas de campo, os métodos de irrigação ou estilos arquitetônicos particulares.

Embora a importância relativa do trabalho de campo para a subdisciplina da geografia humana tenha declinado com a emergência de outras abordagens, ele ainda é vital para os estudos da área. Mais ainda que no caso da geografia física, o trabalho de campo na geografia humana evoluiu rapidamente nos anos recentes. Essa evolução está refletida na diversidade e na sofisticação de seus métodos de campo, que vão dos questionários de *survey* até as entrevistas em profundidade não estruturadas, aos grupos focais e à observação participante. Os geógrafos que estudam os temas negligenciados da vida das mulheres em períodos passados têm frequentemente utilizado

{159}

| Idade em anos | Características de sedimentos | Atividade geomórfica | Cobertura de vegetação | Interpretação climática |
|---|---|---|---|---|
| | Não presente | Incisão de ravina córrego/riacho | Reduzida pelos humanos | Úmido e quente |
| 12.000 | | | | |
| | Cascalho e areia fluvial e coluvial | Erosão de encosta; deposição de leques | Baixa (estepe) | Seco e frio; fortemente sazonal |
| 24.000 | | | | |
| | Paleossolo desenvolvido em loesse e areia | Formação do solo e estabilidade da paisagem | Alta (bosques) | Úmido e quente |
| 60.000 | | | | |
| | Cascalho principalmente estratificado fluvial (riacho) | Erosão de material das encostas; deposição de leques aluviais | Principalmente baixa | Principalmente seco e frio; fortemente sazonal |
| 115.000 | Paleossolo | Estabilidade da paisagem | Alta | Úmido e quente |
| 125.000 | Principalmente areia e cascalho; presença de conchas marinhas | Deposição de praias (parcialmente) | Alta | Úmido e quente |
| 130.000 | Areia cimentada com leito de dunas (eolianito) | Deposição eólica de dunas de areia | Baixa | Seco e quente; ventos na costa |

Figura 21. Uma seção de campo através de depósitos quaternários na costa norte de Maiorca: as principais unidades sedimentares indicadas na fotografia estão descritas e interpretadas em termos de processos variáveis geomórficos, cobertura da vegetação e mudança climática.

diários e cartas como fontes primárias de informação. A correspondência das esposas dos administradores coloniais na Índia, por exemplo, tem jogado uma luz considerável sobre seus papéis naquelas sociedades e também no seu sentido de distância e nostalgia de casa. O diário de uma mulher mórmon que viveu em Pine Valley, em Utah, por volta de 1900, demonstrou as qualidades da vida comum, o espaço privado doméstico limitado e a força do compromisso religioso.

Para esse tipo de trabalho de campo em particular há importantes considerações éticas. O entrevistador necessita relacionar-se com seus entrevistados de maneira sensível; quaisquer noções de direção ou dominância devem ser evitadas; e as implicações morais da interação devem ser cuidadosamente monitoradas. Em outras palavras, o pesquisador ou pesquisadora deve sempre ter consciência de sua própria posição. Há sempre um risco que aspectos dessa posição, seja ela, por exemplo, política, racial ou sexual, possam influenciar a forma de os achados serem interpretados. Assim, a importância corrente do trabalho de campo para a geografia não deveria ser subestimada, como foi sabiamente resumido por um geógrafo estadunidense:

> Para mim, o trabalho de campo é o coração da geografia. [...] Ele renova e aprofunda nossa experiência direta do planeta e a sua diversidade de terra, vida e culturas, enriquecendo de forma incomensurável a compreensão do mundo, que é o núcleo da busca e a responsabilidade da geografia. [...] Sem o trabalho de campo, a geografia é um relatório de segunda mão e uma análise de poltrona, perdendo muito de seu envolvimento com o mundo, de seu

JOHN A. MATTHEWS • DAVID T. HERBERT

*insight* original, de sua autoridade, de suas contribuições para tratar de questões locais e globais, e de sua razão de ser. (Stevens, Fieldwork as Commitment, *The Geographical Review*, v.91, p.66, 2001.)

## Os mapas e a graficácia

A tradição cartográfica levou à alimentação de outra competência geográfica, que foi denominada "graficácia" (em contraste com a literacia e a numeracia). Fazer mapas é uma profissão especializada, mas gerações de estudantes de geografia aprenderam os princípios e as aplicações da cartografia em um alto nível de competência. Os esboços de campo oferecem outro exemplo. Um aspecto físico, tal como um vale suspenso ou um sistema de meandros, pode ser claramente capturado por esboços de campo, assim como padrões de campo ou planos urbanos. Muitos dos dados utilizados por geógrafos, sejam eles climáticos, vegetais ou hidrológicos, ou se eles envolvem as migrações populacionais ou a provisão de varejo, podem ser expressos graficamente como mapas, cartas ou outras formas de representação visual-espacial.

O papel central dos mapas encorajou alguma instrução na ciência das projeções cartográficas, em como eles são construídos e nas propriedades que possuem. Ao mesmo tempo, houve na geografia um "grande debate" sobre os méritos relativos dos tipos diferentes das projeções cartográficas ou as formas de retratar a superfície curva da Terra em uma superfície plana. A projeção cartográfica de Mercator teve a qualidade

GEOGRAFIA

de preservar exatamente os ângulos e mostrar as direções de bússola como linhas retas; ela se tornou uma ferramenta de navegação valiosa, mas as áreas fora do Equador eram severamente distorcidas. A Hammond Optimal Conformal Projection [Projeção Conforme Ótima de Hammond] minimizou as representações imprecisas dos ângulos e formas, produzindo um mapa quase perfeito de uma dada área até todo o hemisfério antes que as distorções começassem a aparecer.

As competências gráficas são importantes tanto para a pesquisa como para a educação e têm um grande valor em retratar a disciplina da geografia e suas qualidades. A emergência de mapas mentais introduziu uma dimensão qualitativa ao que tinha sido sempre uma técnica científica. Geógrafos humanistas estavam interessados nos mapas que as pessoas carregavam em suas cabeças. Eles frequentemente não tinham precisão, detalhe e exatidão técnica, mas, mesmo assim, eram importantes pontos de referência para o comportamento. Um mapa mental de uma pessoa idosa do bairro onde vive, por exemplo, pode parecer muito restrito se comparado ao de alguém mais jovem e com maior mobilidade. A Figura 22 mostra dois exemplos de mapas mentais derivados de entrevistas com residentes de uma cidade do interior, uma área com casas geminadas enfileiradas em Cardiff, sul do País de Gales. Para o exemplo A, os residentes receberam uma lista de localidades (identificados como pontos no diagrama) e foram indagados se elas estavam dentro ou fora de seu bairro. Estão apresentados três mapas isopléticos com 90%, 60% e 30% de concordância.

{163}

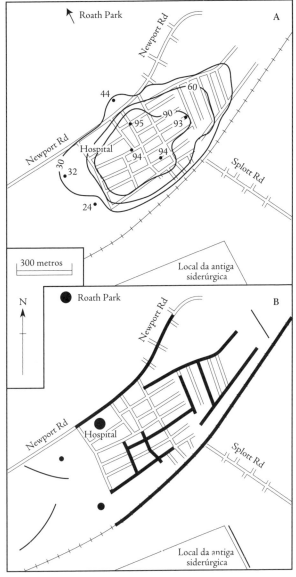

Figura 22. Mapas mentais de Adamsdown, um bairro de uma cidade do interior em Cardiff, País de Gales: (A) mostra o grau no qual os residentes concordam com a extensão do bairro; e (B) indica onde eles localizam os limites.

GEOGRAFIA

Para o exemplo B, os residentes foram solicitados a nomear os limites de seu bairro, e as linhas mais grossas, como a linha férrea para o sul, mostram o maior consenso. Os círculos pretos identificam localidades específicas nomeadas. De forma similar, as pessoas traçam rotas para a escola ou lojas locais para evitar áreas percebidas como inseguras. Tais mapas podem ser representados graficamente por aqueles que possuem essa área tradicional de competência.

De muitas maneiras, o uso de mapas mentais e de imagens deu uma linha de continuidade à cartografia, ao tempo em que os geógrafos humanos deixaram de usar mapas e concentraram o seu engajamento com a teoria, a ideologia e a consciência política. Outros estavam estimulados a revisar seus mapas, tanto em termos de seus métodos de construção quanto de significados. Eles continuaram a defender adequadamente os mapas e os importantes papéis que desempenharam, mas estavam crescentemente sensíveis aos perigos de suas iniquidades, de suas tendências de impor e de codificar, das economias políticas das quais estavam imbuídos e de suas qualidades sedutoras. Recentemente, observadores questionaram o potencial dos mapas não apenas como representações de lugares, mas como seus criadores. Nessa visão, os mapas precedem o real, e sua capacidade criativa deve ser reconhecida. Assim, a importância do que os mapas escondem ou omitem pode ser tão importante quanto o que eles incluem. Por exemplo, o primeiro mapa-múndi construído nos anos 1830, que colocou a Grã-Bretanha no lugar central do meridiano de Greenwich, coloriu de vermelho todas as colônias britânicas e deixou toda a terra restante em um bege uniforme, como um meio de retratar o Império Britânico em toda a sua superioridade. Os detalhes e diversidades foram apagados e o icônico mapa foi destinado aos administradores do império, os lobistas coloniais e os públicos das colônias.

Outra dimensão da importância dos mapas para a geografia é a sua relevância contínua na era da informação, especialmente com relação ao Sistema de Informação Geográfica (SIG/GIS). Os mapas são uma expressão explícita do conceito de espaço geográfico e podem ser vistos como uma contribuição especificamente geográfica para a variedade de métodos disponíveis para a compreensão do mundo.

## Numeracia

A "revolução quantitativa" na geografia requereu que a disciplina adotasse uma abordagem explicitamente científica, incluindo métodos numéricos e estatísticos, e a modelagem matemática. Assim, a "numeracia" tornou-se outra competência necessária. Seu impacto imediato foi maior na geografia humana, pois os geógrafos físicos já estavam utilizando esses métodos. Um novo léxico abrangendo a linguagem da estatística e a sua sequência de técnicas entraram na geografia como um todo. Termos como amostragem aleatória, correlação, regressão, testes de significância estatística, probabilidade, análise multivariada e simulação tornaram-se parte da pesquisa e do ensino de graduação. A correlação e a regressão são procedimentos para medir a força e a forma, respectivamente, da relação entre dois ou mais conjuntos de variáveis. A significância testa a medida da confiança que pode ser encontrada nessas relações. Os métodos multivariados possibilitam a análise de muitas variáveis ou fatores simultaneamente – uma abordagem apropriada para muitos conjuntos complexos de dados geográficos. A simulação frequentemente está ligada à probabilidade e é um conjunto de técnicas capazes de extrapolar ou projetar tendências futuras.

Essa revolução forçou um novo pensamento na disciplina e um afastamento da descrição qualitativa, dos estudos de caso e do caso isolado ou ideográfico, em direção às medições quantitativas, às amostras representativas e à teoria nomotética, com sua possibilidade de generalizar e predizer. Os geógrafos abraçaram essa nova abordagem e seu conjunto associado de competências analíticas com níveis variados de especialidade. Em uma ponta do espectro estavam os pesquisadores dedicados e inovadores capazes da interação com os estatísticos, programadores de computadores e matemáticos; em outra ponta, estava a massa de estudantes e praticantes mais ou menos competentes em níveis básicos de análise estatística e manejo de conjuntos de dados.

Uma demonstração interessante de como a numeracia em geral, e a análise multivariada em particular, possibilita que os problemas permanentes da geografia sejam enfrentados de formas inovadoras é fornecida por uma investigação, realizada por Barry Rolett e Jared Diamond em 2004, dos fatores que afetam o desmatamento nas ilhas do Pacífico. Eles indagaram por que, antes da colonização europeia, algumas sociedades das ilhas do Pacífico, tais como aquelas da Ilha de Páscoa e Mangareva, inadvertidamente contribuíram para seu próprio colapso causando um massivo desmatamento, enquanto outras ilhas mantiveram a cobertura florestal e sobreviveram. Sem dúvida, as diferentes respostas culturais dos povos e as diferentes suscetibilidades dos ambientes estiveram envolvidas. Contudo, uma análise comparada multivariada de nove variáveis ambientais medidas em 69 ilhas possibilitou um retrato claro de quais fatores ambientais predispuseram ao desmatamento e, em última instância, ao colapso social, em lugar da substituição das florestas e da sustentabilidade.

A extensão do desmatamento para a agricultura e a extração de madeira e combustíveis foi quantificada em uma escala de cinco pontos a partir dos relatos dos primeiros visitantes europeus. As variáveis ambientais medidas incluíam: a chuva e a latitude, que potencialmente afetam o crescimento da floresta através do clima; a idade da ilha; a precipitação de cinza vulcânica e de poeira, que se relacionam à disponibilidade de nutrientes; e um número de variáveis topográficas, que podem ser relacionadas à diversidade de recursos, à acessibilidade e outros efeitos. A força das relações entre essas variáveis e suas interações reveladas pelas análises indicaram que a fragilidade da Ilha de Páscoa, predispondo-a ao desmatamento pelo povo polinésio, que colonizou muitas outras ilhas sem provocar

GEOGRAFIA

impactos tão extremos, podem ser atribuídas à combinação de um clima relativamente desfavorável, os nutrientes e a topografia. Em outras palavras, a sociedade da Ilha de Páscoa não entrou em colapso porque o povo foi excepcionalmente imprevidente, mas porque eles ocuparam um ambiente particularmente frágil e não foram capazes ou dispostos a adaptar seus métodos de cultivo para seguir suas necessidades.

A introdução de métodos quantitativos na geografia como uma competência genérica teve muitas repercussões. O desenvolvimento de modelos numéricos foi particularmente importante. Na geografia física, ele permitiu o desenvolvimento de modelos de processos que tinham uma base científica muito mais forte que os modelos descritivos, tais como o ciclo davisiano de erosão (ver o quadro no Capítulo 2). Na geografia humana, os modelos eram distintivamente esparsos, mas os modelos de estrutura e crescimento da cidade eram dignos daquela descrição, apesar de terem sido derivados de fora da geografia. O tipo de avanço ocorrido é exemplificado pelo trabalho de Torsten Hägerstrand sobre a difusão, que empregou uma sofisticada, mas clara, teoria da probabilidade para demonstrar a propagação de inovações ao longo do tempo e do espaço. A Figura 23 oferece um dos primeiros exemplos de seus estudos na Suécia rural, interessado na aceitação gradual de subsídios pelos fazendeiros ao longo do tempo. O Diagrama A mostra a grade de simulação composta de células para as quais os escores de probabilidade baseados na distância dos subsídios, por exemplo, podem ser calculados. Essa grade é sobreposta

{169}

John A. Matthews ♦ David T. Herbert

A Uma grade de simulação

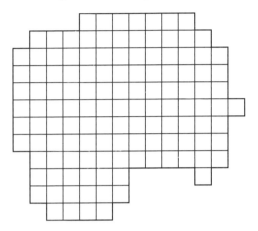

B Difusão após três anos

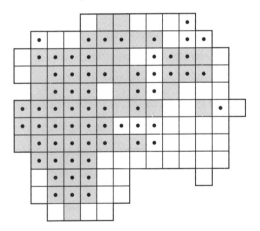

• Tomada real dos subsídios pelos fazendeiros

▨ Tomada predita

Figura 23. Um modelo de difusão espacial: (A) a simulação sobre a área de estudo sueca; (B) a tomada real e a predita do subsídio por fazendeiros após três anos.

sobre a área real em B, na qual está apresentada a difusão real de subsídios após três anos. Tais modelos espaciais são também utilizados na geografia médica para analisar a propagação de doenças e na geografia populacional para demonstrar os padrões de migração no tempo.

É provavelmente verdade dizer que apenas a minoria dos geógrafos humanos atualmente mantém um interesse na análise numérica, mas esse estado de coisas tem seus críticos. Por exemplo:

> A geografia está perdendo seu caminho precisamente porque tantos de seus praticantes recuaram da busca em criar generalizações robustas e defensáveis sobre os padrões espaciais e os processos. (Longley; Barnsley, The Potential of Geographical Information Systems, em *Unifying Geography*, 2004, p.63.)

Existe, entretanto, um campo da geografia no qual as capacidades numéricas encontraram um novo lar e estão avançando; é a ciência dos Sistemas de Informação Geográfica (SIG/GIS).

## Os Sistemas de Informação Geográfica (SIG/GIS)

A ciência do GIS é uma competência moderna importante da disciplina da geografia. Ela se desenvolveu com uma crescente diversidade em várias formas de mapeamento sofisticado combinado com a análise espacial quantitativa. Os dados do GIS compreendem representações digitais dos fenômenos encontrados na superfície da Terra. Esses podem ser relevos,

JOHN A. MATTHEWS • DAVID T. HERBERT

limites de campo, tipos de vegetação, edifícios e uma série de outros aspectos que podem ser referenciados por coordenadas geográficas. Uma vez coletados esses dados, o software GIS, assim como o Mapinfo, permite uma série de análises e interpretações. A ciência do GIS tem um conjunto bem definido e em desenvolvimento de princípios científicos, práticas e teorias, e a metodologia provou ter uma aplicação realmente considerável. As vendas globais de instalações e serviços do GIS excederam 7 bilhões de dólares e elas encontram mercados nos serviços públicos, como os governos locais e a polícia, e em muitas áreas de setores privados, como os serviços financeiros e o comércio. As aplicações do GIS são centradas em problemas e abordam questões de pesquisa permanentes na geografia, tais como o crescimento urbano e mudanças do uso da terra, mas também novos desafios, como o perfil do crime, onde muitas forças policiais rotineiramente adicionam um código de localização para os eventos criminais, por exemplo os roubos ou os homicídios, como um primeiro passo na direção das formas de análise do GIS. O exemplo apresentado na Figura 24 é da geografia humana e demonstra como o GIS pode apresentar dados de diferentes formas. Esse mapa de países do mundo mostra a distribuição variável de riqueza, baseada no produto interno bruto (PIB). A extensão territorial de cada Estado-nação está distorcida para refletir a prosperidade. Os países como os Estados Unidos e a maioria dos estados europeus têm um tamanho largamente exagerado, enquanto países da África e da América Latina estão minimizados.

## Geografia

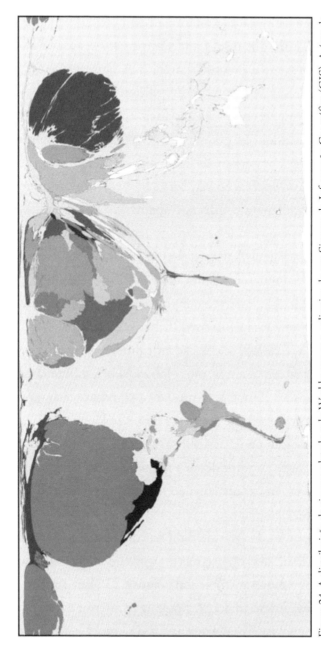

Figura 24. A distribuição da riqueza plotada pelo Worldmapper: o aplicativo de um Sistema de Informação Geográfica (GIS). A área de cada país é proporcional ao seu PIB, que enfatiza as disparidades brutas entre o mundo mais desenvolvido e o mundo em desenvolvimento.

JOHN A. MATTHEWS • DAVID T. HERBERT

O GIS é uma metade de uma dualidade da qual a Observação da Terra, um termo alternativo para o sensoriamento remoto por satélite, é o outro parceiro. A Observação da Terra compreende um conjunto de instrumentos ou sensores, seus transmissores, aeronaves ou satélites, e as técnicas de processamento de dados que podem ser utilizadas para coletar informações sobre a superfície da Terra a partir de uma localização distante. A Observação da Terra fornece uma importante fonte de dados para o GIS e, trabalhando em conjunto, eles percorreram um grande número de agora reconhecidas aplicações no mundo real. A navegação por satélite nos automóveis é um exemplo do uso cotidiano, assim como a crescente popularidade do Google Earth (o conjunto acessível de imagens por satélite disponíveis na internet). Em níveis científicos de maior demanda, a tecnologia é colocada idealmente para monitorar a mudança ambiental em termos globais, sobre grandes áreas ou em localizações remotas. A mudança climática, a diminuição das geleiras e do mar de gelo nas regiões polares, a propagação da desertificação na África Subsaariana, a degradação do solo no Meio-Oeste estadunidense e a remoção das florestas tropicais na Bacia Amazônica fornecem aplicações espetaculares e importantes desse tipo.

A dessecação do Mar de Aral nas décadas recentes fornece um exemplo notável do uso das imagens de satélite no monitoramento da mudança ambiental (Figura 25). Em 1960, o Mar de Aral era o quarto maior corpo de água interior da Terra, com uma área igual às áreas combinadas da França, da Alemanha,

GEOGRAFIA

da Espanha e do Reino Unido. Foi a má administração da captação de água dos rios Amudarya e Syrdarya para a agricultura irrigada, da qual a expansão foi particularmente rápida entre 1976 e 1988, que levou a essa dessecação. A dessecação do Mar de Aral levou ao declínio do lençol freático, à salinização, à expansão da vegetação halófita (tolerante ao sal), à deflação do leito exposto do mar e à deposição eólica das superfícies de terra do entorno, oriundas das tempestades de areia e sal. Outros efeitos em cadeia que contribuem para a desertificação de grandes áreas da bacia de drenagem do Mar de Aral incluem o alagamento e a salinização secundária que seguem a irrigação, e a poluição dos solos, das águas subterrâneas, dos rios e do próprio Mar de Aral por produtos químicos tóxicos utilizados na produção de algodão. O caso do Mar de Aral é um clássico exemplo de um "problema ambiental crescente" induzido pela ação do homem, em última instância levando a um "desastre ambiental" e à emigração em massa de pessoas das regiões afetadas. Apenas a partir de 1997 houve uma reversão parcial das tendências em relação à parte norte do Mar de Aral (o chamado Pequeno Aral), ao passo que os processos podem ser irreversíveis em relação ao Grande Aral.

Vale lembrar que o precursor da Observação da Terra (Earth Observation), a fotografia aérea, teve uma presença na pesquisa geográfica e no currículo de geografia por um longo período, mas o potencial dos novos sistemas e das imagens de satélite nos levou a novas dimensões. O GIS e a Observação da Terra (EO) são fortemente tecnológicos na sua cobertura,

{175}

John A. Matthews ♦ David T. Herbert

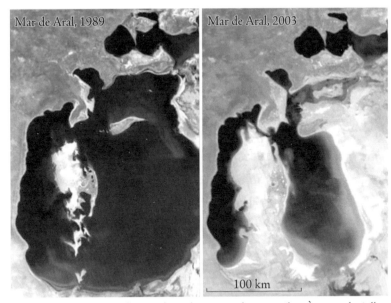

Figura 25. Encolhimento do Mar de Aral, monitorado por satélite. À esquerda: julho-
-setembro de 1989; mosaico do Landsat a 500 m de resolução. À direita: 12 de agosto de
2003; cena do Aqua MODIS a 500 m de resolução.

mas em torno daquela tecnologia foram desenvolvidos modelos poderosos, processos para análise de dados e métodos de interpretação. Ambos são procedimentos extremamente eficazes de coleta de informação, mas o valor dessa informação é compreendido apenas quando a boa interpretação é capaz de fazer o uso mais eficaz dela.

Cabe observar que o maior encontro anual no mundo dedicado a um aspecto da geografia não é organizado por geógrafos acadêmicos, mas por uma empresa privada do GIS, a Environmental Systems Research Institute. A propriedade do campo do GIS/EO ameaça sair da disciplina da geografia e ir para institutos especializados, possivelmente para os

GEOGRAFIA

departamentos de engenharia de universidades e agências de governo. Em muitos aspectos, esse é um sinal saudável de uma história de sucesso, e a geografia não tem o monopólio sobre esse empreendimento crescentemente vasto. O ponto importante é manter uma forte presença do GIS e da Observação da Terra no interior da disciplina da geografia à qual eles certamente pertencem. Deve ser reconhecido, contudo, que o GIS e a Observação da Terra se adéquam menos confortavelmente a uma disciplina que experimentou tantas mudanças radicais desde as décadas da revolução quantitativa, quando havia poucos desafios à ideia da geografia como uma ciência.

## Literacia

Talvez a competência final esperada dos geógrafos seja a "literacia". Essa afirmação sempre existiu e sempre esteve presente na trilogia de "livros, bancadas e botas" que costumava estar embutida nas mentes de todos os geógrafos graduandos. À medida que as "bancadas" enfatizavam o trabalho de laboratório, as aulas práticas e as habilidades cartográficas e estatísticas, e as "botas" frisavam a importância do trabalho de campo e do "campo" em geral, os "livros" levavam os estudantes de volta à necessidade fundamental de dominar a literatura de seu assunto e serem, eles próprios, capazes de redigi-lo. Certamente, a literacia é fundamental para todas as disciplinas acadêmicas e não reivindica ser considerada uma competência especial dos geógrafos. De forma similar, a numeracia é amplamente utilizada nas ciências sociais, como a economia e a psicologia. O que mudou nos anos recentes, e está claramente ligado à ascensão da nova geografia cultural, é que os geógrafos, especialmente os geógrafos humanos, foram envolvidos e espera-se que estejam familiarizados com as áreas da literatura além de sua experiência anterior.

Em alguma medida, isso é esperado, uma vez que as fronteiras da pesquisa avançam, mas, com a nova geografia cultural, novas dimensões foram alcançadas. A teoria crítica, o pós-modernismo e o pós-estruturalismo envolveram os geógrafos na literatura da filosofia *per se*, bem além da filosofia da ciência. Esta é para ser uma tendência positiva, mas traz a questão sobre o volume de literatura que os geógrafos devem aceitar. Eles se expandem em um campo mais amplo ou mantêm seu nicho disciplinar e focado? David Harvey é cético sobre a importação contínua de novos pensadores, teóricos e teorias para o "grande desfile de interlocutores externos sobre o que a geografia pode e deve ser".

Existem competências adicionais a serem derivadas dessas tendências. A nova literatura é compartilhada com um campo crescente de estudos culturais e de mídia; a sociedade moderna procura por competências e conhecimento nessas áreas e muitos dos temas de estudo têm muito em comum. Os trabalhos de Jean Baudrillard, que escreve poderosamente sobre a imagem e as formas nas quais a paisagem e a sociedade podem ser "lidas" a partir dos "textos" que são retratados através das preferências de pôsters e letreiros, e Ferdinand de Saussure e

# GEOGRAFIA

Jacques Derrida, que focalizam os signos, os ícones e o estudo da semiótica, fornecem exemplos de "importações" dos intelectuais franceses. O interesse crescente na análise do discurso e na teoria não representacional (ver quadro no Capítulo 3) adiciona novas dimensões.

Os novos "temas" para interpretação incluem os filmes, os trabalhos de arte, a música, a dança e o teatro, tudo o que acarreta mensagens sobre as sociedades nas quais vivemos. Como comentou Sarah Whatmore, uma geógrafa britânica, o mundo fala através de muitas vozes e nós podemos depender muito da palavra falada e escrita. Romancistas como Dickens e Steinbeck escreveram trabalhos de ficção, mas seus livros colocaram luz sobre as sociedades e os lugares contemporâneos nos quais suas histórias foram baseadas. Pintores como Renoir e Rembrandt nos deixaram representações de pessoas e cenas de estreitos segmentos da sociedade europeia que eles escolhiam ou que, algumas vezes, eram contratados para representar. A dança e o teatro são diversos através do mundo, mas carregam mensagens sobre as cenas culturais das quais eles emergem; o blues emergiu de experiências muito particulares. Toda essa literatura e as "orientações" para estudo trazem contribuições às competências dos geógrafos humanos ou, ao menos, aumentam seu conhecimento das diversas fontes de informação e teorias existentes. Enquanto os geógrafos físicos têm menos necessidade de acessar essa literatura crescentemente diversa, há uma consciência cada vez maior de sua significância, particularmente entre aqueles envolvidos em projetos colaborativos.

{179}

JOHN A. MATTHEWS • DAVID T. HERBERT

## A geografia aplicada

A geografia aplicada declara a importância da tradição empírica e a sua relevância para os problemas do mundo real. Em algumas áreas da geografia humana em particular, essa tradição e o tema da geografia aplicada foram descartados ou, ao menos, relegados a uma posição menos proeminente. Ainda assim, a geografia aplicada traz juntas essas muitas competências que identificamos e exploramos e oferece a oportunidade da relevância prática. Além disso, não é realmente uma opção concentrar-se no desenvolvimento de teoria ou nas aplicações: existem sinergias entre os dois. Como uma prática, seria um risco descartá-la, e na realidade ela continua a fazer importantes contribuições.

A geografia aplicada envolve a utilização de competências e conhecimento adquiridos para abordar os problemas e as questões do mundo real. Ela pode assumir variadas formas:

- *Como subsídio à elaboração de políticas e à definição de agendas de pesquisa.* É importante envolver-se com as agências internacionais de pesquisa e com as práticas de desenvolvimento, e esse envolvimento é realizado através de governos e organizações não governamentais (ONGs), com consequências de longo alcance na pesquisa e na influência em políticas. Há oportunidades não apenas para responder a agendas definidas externamente mas também para ajudar a formatá-las em primeiro lugar. O Centro de Pesquisa Danum, em Sabah,

GEOGRAFIA

na Malásia, por exemplo, monitora as causas e os impactos do desmatamento nos trópicos. A recente experiência dos tsunamis na Ásia, os furacões no Caribe e as inundações na Grã-Bretanha estimularam a necessidade de maior conhecimento, de sistemas prévios de alerta e de medidas preventivas.

• *Como envolvimento direto dos geógrafos em comitês-chave e grupos de investigação.* A capacidade de formar agendas de pesquisa é consideravelmente ampliada se os geógrafos forem membros de comitês-chave em domínios públicos e privados. Os papéis como assessores de governos e os papéis de liderança em grupos de investigação de linhas de frente são especialmente influentes. O geógrafo britânico *Sir* Peter Hall teve considerável influência no desenvolvimento de políticas urbanas. Ele serviu no Comitê Regional de Planejamento do Sudeste da Inglaterra e na Força-Tarefa Urbana do primeiro-ministro e foi um assessor para o desenvolvimento de rodovias de entroncamento no Reino Unido. Também foi assessor especial da Secretaria de Estado do Meio Ambiente entre 1991 e 1994 e testemunhou sobre a política urbana diante do Congresso estadunidense. Ele é considerado, além disso, o fundador do conceito de zona empresarial, que foi adotado em todo o mundo. A zona empresarial foi planejada para encorajar o desenvolvimento econômico privado em áreas definidas. Dentro dessa "zona", as companhias investidoras se beneficiaram de concessões fiscais e do relaxamento de regulamentos de planejamento. Em um diferente nível, há um excelente registro do envolvimento de geógrafos em organismos públicos britânicos, como os comitês dos parques nacionais, os conselhos de esportes e os grupos de prevenção do crime.

+ *Como partes de uma equipe interdisciplinar para enfrentar os principais problemas regionais ou globais.* De forma crescente, os governos estão se tornando conscientes da necessidade de recorrer à ciência para entender e enfrentar questões como o aquecimento global e a mudança ambiental. Os geógrafos precisam obter presença nesses grandes projetos e há uma ampla evidência de sucesso nesse contexto. Os grupos dedicados a entender as mudanças atuais e futuras nos lençóis de gelo na Groenlândia e na Antártica envolvem geógrafos; muitos dos principais consórcios europeus fundados para estudar questões-chave, como a mudança ambiental no decorrer do último milênio e a sustentabilidade, envolvem geógrafos.

+ *Como um contrato específico ou consultoria para abordar e oferecer soluções a uma questão corrente.* Há um longo registro de projetos únicos em que geógrafos foram comissionados para desenvolver tarefas específicas de pesquisa baseada em evidência. Algumas vezes esses projetos são apoiados por agências de financiamento, mas também o são pelo setor privado. Os estudos sobre mudança comercial varejista, sejam sobre a localização

GEOGRAFIA

de lojas, definições de mercado ou o comportamento do consumidor, oferecem um exemplo. Os projetos de localização ótima podem envolver aeroportos, marinas, hospitais e um conjunto de utilidades públicas. Esses tipos de geografia aplicada frequentemente não avançam para as fronteiras da pesquisa, mas têm valor prático.

◆ *Como um produto de pesquisa que pode ter alguns outros propósitos conceituais, mas dos quais as aplicações práticas emergem.* Essa é a fonte mais comum e mais diversa da geografia aplicada. As chamadas pesquisas *blue sky* (sem nenhuma aplicação direta prevista com antecedência) podem estimular um interesse em uma linha paralela baseada em evidência, que pode depois produzir aplicações. O estímulo da geografia humana na direção da análise de discurso e da teoria não representacional é, às vezes, obscuro, mas seu principal propósito é obter um melhor entendimento das sociedades nas quais nós vivemos. A geografia histórica examina o passado em uma variedade de formas que, com frequência, intencionalmente ou não, jogam luz nos assuntos contemporâneos. As formas pelas quais jovens migrantes para as cidades suíças no início dos anos 1920, especialmente as mulheres, eram controlados em uma tentativa de manter a ordem social nos padrões da classe média têm alguma ressonância para os refugiados modernos (ver o quadro). Outro exemplo, um estudo detalhado da herança fantasmagórica de um distrito em Cingapura que, em algum

{183}

momento, manteve os coletivos de trabalho de mulheres nas chamadas "casas da morte", mostra como a imagem persistiu em uma cidade moderna e afeta a forma como a área é considerada (ver o quadro). Esses exemplos mostram como uma boa parcela dos estudos de geografia toca o mundo real e tem algo relevante a oferecer.

## Mulheres migrantes nas cidades europeias

Durante o final do século XIX e o início do século XX, a migração de jovens mulheres para cidades europeias foi considerada problemática pelos membros de classe média da sociedade. Havia receios sobre sua sua moralidade que foram traduzidos em regulamentação de sexualidade e gênero. As cidades foram vistas como lugares que podiam oferecer condições para o tráfico de meninas para propósitos imorais e as sociedades se colocaram contra essa ameaça percebida. A Associação Internacional de Amigos das Jovens Mulheres foi fundada na Suíça em 1877 e, na sequência, ajudou 35 mil jovens mulheres. As atividades não se limitaram à Suíça e, em Berlim, por exemplo, mais de 80 mil mulheres foram ajudadas. As estações ferroviárias foram vistas como tendo papéis centrais nas ligações para novas formas de vida, e os assistentes das estações estavam dispostos a orientar, aconselhar e ajudar as novas migrantes. Os costumes das classes médias giravam em torno do cristianismo, da maternidade e do altruísmo, e eles eram praticados como meios de manutenção dos padrões de comportamento e ordem social.

Essa lista de tipos de geografia aplicada incluiu breves descrições dos tipos de atividades que podem ser incluídos nessa categoria. Um caso mais completo oferecido pela pesquisa

## GEOGRAFIA

sobre riscos naturais, um tema que envolve geógrafos tanto físicos quanto humanos, serve como um exemplo integrado dentro da geografia e é também interdisciplinar à medida que se vincula às competências dos geofísicos, engenheiros, psicólogos e especialistas em comunicação. Sua presença consagrada na geografia demonstra a síntese necessária de métodos e de ideias.

Um risco natural tem dois principais componentes, o evento físico ou o processo que frequentemente ocorre como um cataclisma e a vulnerabilidade das pessoas localizadas na sua área de impacto. O evento físico pode ser um conjunto de fatores que incluem terremotos, erupções vulcânicas, inundações, tempestades e deslizamentos. O evento torna-se um risco natural se ele tem impacto sobre as pessoas ou as propriedades. Por exemplo, o Grande Terremoto do Alasca de 1964 desalojou 29 milhões de metros cúbicos de rochas e provocou o deslizamento pelo vale Sherman a velocidades maiores que 180 quilômetros por hora, mas não teve impacto sobre as pessoas. Em contraste, o deslizamento de Aberfan no País de Gales teve 1% daquele volume, percorreu um duodécimo de distância a um vigésimo de velocidade, mas matou 144 pessoas. Esse último foi um risco natural que levou a um desastre. Nós vivemos em uma Terra inquieta, como atestam o tsunami do Oceano Índico, que matou em torno de 230 mil pessoas, e o furacão Katrina, que em 2005 matou 1.836 pessoas e deixou 80% de Nova Orleans submersa.

## As geografias fantasmagóricas de Cingapura

Um fragmento da paisagem urbana de Cingapura, de maneira pouco comum, permaneceu vazio e descuidado por um longo período de tempo. Esse foi um local excluído até 2006, em uma cidade renovada por sua economia de espaço e ordem. O local tem uma história conectada com o influxo de mulheres migrantes de Guangdong na China para o fornecimento de trabalho barato. Elas ocuparam o que veio a ser conhecido como as "casas da morte", devido aos enterros coletivos e às condições sob as quais elas e muitas pessoas idosas viviam na área. Os prédios foram demolidos em 1969, mas a relutância em desenvolver o lugar refletia a herança dos lugares de enterros e assombrações. Há uma questão mais geral sobre morte e assombração que permeia as paisagens cingapurianas e se relaciona a um programa para remover as covas e transferir os restos mortais para localidades centrais. Oferendas aos mortos ainda ocorrem em muitas partes da cidade, e o medo da assombração pode afetar tanto o desenvolvimento quanto o valor das propriedades. Esse local particular permanece uma ferida urbana, algo de uma paisagem funerária, onde a herança do passado ainda afeta uma cidade moderna. O "Festival do Fantasma Faminto" em Cingapura é o testemunho de uma dimensão que contestou o uso do espaço na cidade.

Os papéis dos geógrafos físicos e humanos no estudo dos riscos naturais são diferentes, mas complementares. Os geógrafos físicos precisam entender, monitorar e predizer o evento físico real; os geógrafos humanos precisam entender como os perigos dos riscos naturais são percebidos e se eles influenciam o processo decisório e o comportamento. Os estudos pós-tsunami do Sri Lanka mostram como o receio da recorrência tornou-se uma ferramenta política para implementar um conjunto de medidas de segurança, incluindo uma zona-tampão que causou o descontentamento entre aqueles afetados por sua localização. Há uma necessidade de estabelecer medidas preventivas e políticas de mitigação, incluindo as regulações de zoneamento, que requerem reconhecimento explícito das propriedades espaciais do risco, mas a consulta e a colaboração dos residentes locais são cruciais.

O registro da intervenção da geografia aplicada não tem sido exitoso de maneira uniforme. Os eventos físicos, tal como uma erupção vulcânica ou um terremoto, podem ser monitorados, mas a predição não é de forma alguma uma ciência precisa, e as margens de erro são amplas. A experiência do comportamento humano é que, qualquer que seja o conselho dado, as pessoas vão construir em planícies de inundação e voltar a assentamentos próximos dos vulcões. A ausência de imperativos na reação humana pode ser, em parte, devida à imprecisão com as quais os eventos físicos podem ser preditos, mas isso também deriva das normas culturais, dos contextos políticos e dos padrões de comportamento que precisam ser abordados. Os geógrafos físicos e humanos claramente necessitam estar juntos na pesquisa de risco, mas há alguma evidência de que os geógrafos físicos trabalham mais confortavelmente com os geofísicos e engenheiros, que falam a mesma linguagem da ciência. Existem também evidências de que, mesmo quando a ciência do evento é compreendida, um desastre natural ainda vai ocorrer onde aquela evidência não foi comunicada com sucesso. Na erupção vulcânica de 1958 em Nevada del Ruiz, houve uma quase completa avaliação de risco do lugar e um monitoramento cuidadoso, mas ainda assim 23 mil pessoas morreram nas corridas de lama. Houve uma falha em comunicar os perigos com suficiente clareza para os que estavam em risco. O modelo clássico de Gilbert White de pesquisa de risco, desenvolvido a partir de seu trabalho sobre inundações, se move através dos três passos do evento físico, da vulnerabilidade humana e das consequências humanas do desastre. Um modelo alternativo é colocar a vulnerabilidade humana como o primeiro passo na base do que a população em risco define como risco natural.

A pesquisa dos riscos naturais está bem consolidada. Ela tem feito contribuições significativas para muitos tipos de situações, incluindo planícies de inundação e agora as inundações costeiras em uma era de aquecimento global. É um exemplo muito claro da necessidade de aplicar as competências geográficas em um contexto interdisciplinar, no qual as ciências físicas e as sociais têm papéis centrais a desempenhar.

# Capítulo 6
## O presente e o futuro da geografia

Os primeiros exploradores, cartógrafos e geógrafos regionais do século passado, e mesmo os geógrafos quantitativos e marxistas do final do século XX, encontrariam na prática moderna da geografia muitos elementos desconhecidos. Certamente, muitos valores centrais permanecem, mas eles ficariam confusos, e algumas das novas adições à geografia humana em particular desafiariam sua imaginação. De muitas maneiras, certamente, isso é esperado. Todas as disciplinas se movem no tempo e mudam no processo.

Tendo revisado as tendências em curso, algumas das mais novas orientações que a geografia está tomando podem ser consideradas, seu estado presente ser examinado e seu futuro ser contemplado. Este capítulo conclusivo tem duas partes. A primeira estabelece alguns exemplos detalhados da pesquisa moderna inovadora em geografia que enfatiza esse movimento. Na segunda, em um "programa para a geografia futura", buscamos as respostas a duas principais questões: (1) onde está a geografia agora como uma disciplina unificada; e (2) pode aquela unidade sobreviver diante da crescente diversificação e da contínua mudança?

John A. Matthews ♦ David T. Herbert

Figura 26. Al Capone em maio de 1932, a caminho da Penitenciária Federal em Atlanta, Geórgia, onde ele começaria a cumprir a sentença de onze anos.

GEOGRAFIA

## Algumas faces modernas da geografia

A geografia tem muitas faces modernas, algumas delas surpreendentes e inesperadas. Este capítulo final inicia com ilustrações que exemplificam algumas delas. Dois exemplos são tomados da geografia humana e dois da geografia física.

## A geografia do crime

Talvez não esperemos a face de um dos mais notórios criminosos do mundo (Figura 26) para ilustrar um livro de geografia, mas, nas últimas duas décadas, um forte interesse foi desenvolvido pela geografia do crime e pelo que veio a ser conhecido como "criminologia ambiental". Os estudos frequentemente iniciam com padrões espaciais – existem claras concentrações de crimes no espaço, e existem áreas de crime caracterizadas por grande número de eventos criminais e de residências de muitos infratores conhecidos. A Chicago onde Capone prosperou nos anos 1920 e 1930 tornou-se um laboratório inicial para os estudos desse tipo, e os descritores espaciais, como as zonas, os gradientes e as zonas de delinquência, emergiram desses estudos. Chicago foi dividida em claros territórios de gangues onde diferentes grupos, frequentemente étnicos, dominaram nos anos da Lei Seca, em particular. Os padrões espaciais foram apenas um ponto inicial quando ficou claro que as infrações e os infratores tinham diferentes geografias alinhadas às oportunidades no ambiente ou aos alvos,

{191}

de um lado, e, de outro, a condição social dos bairros. Existem ligações entre pobreza, privação e muitas infrações: crimes de violência tipificam lugares de confluência e entretenimento; crimes corporativos e de colarinho-branco têm diferentes geografias. Geógrafos urbanos exploraram a incidência de infrações específicas, como o roubo, e mostraram quais tipos de vizinhança são mais vulneráveis. Há muitas hipóteses para identificar as áreas mais vulneráveis:

- A hipótese "residência-infrator" sugere que lugares onde muitos infratores moram são vulneráveis (assaltantes não tendem a viajar longe para agir).
- A hipótese "zona-fronteira" sugere que os limites dos bairros são os mais vulneráveis.
- A hipótese "controle social-local" sugere que os bairros com um forte senso de lugar e alta interação social são menos vulneráveis.
- A hipótese "variabilidade-área" sugere que áreas residenciais mistas com níveis altos de transitoriedade são vulneráveis.

Essas são hipóteses das quais alguma evidência está disponível, mas é raramente conclusiva. A hipótese interação social-local está estreitamente alinhada com a política da "vigilância de bairro", na qual os residentes, em colaboração com os policiais, cuidam da propriedade do outro na luta contra o crime.

Ao lado do próprio crime, há uma forte evidência da importância do medo do crime. As pessoas vulneráveis, como os

# GEOGRAFIA

mais idosos e as mulheres com crianças pequenas, ficam frequentemente relutantes em transitar em certas partes e áreas das cidades, assim como os espaços abertos são evitados após o anoitecer. A pesquisa caminhou para examinar os papéis da polícia na formatação das geografias do crime. Um estudo bem conhecido das áreas de vício em São Francisco mostrou que as mudanças espaciais ao longo do tempo foram produtos da política e do sistema de justiça criminal ao mudar as regras de comportamento, em vez dos "infratores" *per se*. A polícia carrega mapas mentais das cidades nas quais trabalham e isso pode afetar as formas de policiamento e as respostas ao crime. As propriedades problemáticas são os produtos tanto dos que vivem lá quanto dos que tomam conta e das agências que alugam as moradias, estabelecem padrões e aplicam as regras.

Tais geografias do crime se prestam à interpretação por diferentes abordagens na geografia. Uma abordagem da análise espacial, por exemplo, faria o mapeamento e a correlação; uma abordagem marxista estaria mais interessada nas formas nas quais a distribuição desigual de riqueza e de oportunidades cria o crime em primeiro lugar; um geógrafo comportamental estudaria o processo decisório que um assaltante segue, ou os mapas mentais que ele ou ela possui da cidade-alvo. Uma abordagem pós-moderna questionaria o discurso do sistema de justiça criminal que rotula um ato como desviante em primeiro lugar; o crime é uma definição social. A geografia também tem um valor prático ao lidar com o crime. A maioria das forças policiais está utilizando o GIS/SIG e cria mapas de

JOHN A. MATTHEWS • DAVID T. HERBERT

infrações e cenas de crime. Os psicólogos forenses têm utilizado técnicas básicas como a análise centrográfica, que generaliza sobre locais em que as infrações ocorrem, para traçar o perfil das localidades onde as infrações seriais podem ser encontradas. Essa é uma face moderna da geografia em que os métodos antigos e novos e as tradições intelectuais têm sido aplicados a uma área temática recente e diferente.

## Os significados geográficos na literatura e nos filmes

Uma segunda ilustração pode ser utilizada para demonstrar os significados variáveis que sustentam o tema da geografia humana. Há tentativas bem conhecidas para empregar a literatura ficcional como um meio de obter percepções sobre os lugares onde a ação dos romances transcorre. Charles Dickens, por exemplo, coloca Londres em uma perspectiva penetrante e tem muito a dizer sobre a condição pessoal das pessoas; Jane Austen esboça os estilos de vida das famílias bem-educadas da alta classe rural em fins do século XVIII; e Upton Sinclair retratou as terríveis condições sob as quais as pessoas pobres de Chicago viviam no início do século XIX. Da mesma forma, trabalhos de arte podem ser utilizados para interpretar uma visão das paisagens. As pinturas da Inglaterra rural de Constable representam a tranquilidade e a continuidade; os impressionistas, como Monet, retrataram as classes ociosas da sociedade francesa nas cenas rurais e costeiras, onde elas moravam ou se divertiam. As fontes desse tipo sempre foram usadas com cuidado. Os romances, por exemplo, são trabalhos de ficção e os autores não são necessariamente constrangidos pela adesão aos fatos reais. O pós-modernismo abre uma via mais crítica, que se aplica não apenas para a literatura mas também para a história narrativa. O argumento essencial é que todos os "fatos" não são reais, mas podem ser vistos de forma relativa ao escritor e aos valores que ele ou ela possui. Jane Austen, por exemplo, pertence ao estrato da sociedade sobre a qual escreve; seu conhecimento das outras partes do mundo e das suas sociedades é bem circunscrito.

Há também um interesse no cinema como um meio de interpretação da sociedade e do lugar, mas, nesse exemplo, um geógrafo britânico, David Clarke, mescla de forma estreita a sua interpretação com um interesse na teoria crítica. Ele vê a posição teórica que toma como uma lente essencial para a compreensão de como o filme funciona. O filme *The City of the Future*, de Patrick Keiller, é baseado em uma história de aventura na qual um indivíduo, que se torna o narrador, viaja de volta no tempo para procurar uma figura histórica, o dr. Karl Peters, um alemão que escreveu em 1904 um livro chamado *England and the English*. Peters, que trabalhou para a Alemanha na África Oriental colonial, foi considerado por alguns como uma inspiração para o personagem de Kurtz, introduzido por Joseph Conrad no seu romance *Coração das trevas*. O enredo em *The City of the Future* era para o viajante do tempo interceptar Peters em sua jornada pela Inglaterra e com isso mudar o curso da história para impedir os desastres subsequentes, tal como a Primeira Guerra Mundial.

As imagens utilizadas no filme exploram os contrastes entre a familiaridade da estrutura de uma velha cidade, a estranheza do passado e a novidade da experiência do momento presente. A viagem no tempo é usada como um dispositivo de narrativa em relação ao qual o enredo se desenrola. Keiller segue a linha de que a Grã-Bretanha era "singularmente capitalista", com uma marca de capitalismo colonial baseado em Londres que assegurava as diferenças do resto da Europa. Ele utiliza as imagens para mostrar que, contra todas as expectativas do modernismo, os ambientes construídos das cidades britânicas mudaram a passos de lesma em comparação com tudo o mais. Suas imagens do passado são estranhamente familiares, ainda que tudo o mais nos ambientes da cidade dê um testemunho ao fato de que pertencem a uma época diferente. Existe um contraste entre as paisagens que parecem familiares e a não familiaridade da sociedade vislumbrada no seu interior (Figura 27). Keiller vê um efeito *unheimlich*, "uma profunda disjunção entre a sociedade e o espaço com a perda da cidade humana e de seu futuro utópico". O filme *The City of the Future* é apresentado como uma história de aventura, mas sua jornada pela história é uma tentativa de recuperar o passado em um esforço para redimir o futuro. Esse filme permanece na crença de que a solução para prevenir a crise sobre a perda de um futuro pode ser encontrada no passado. O viajante do tempo falha em sua busca por Peters e a missão fica incompleta: *The City of the Future* conclui que o mundo do qual queremos escapar é aquele no qual estamos mais envolvidos, e a missão de

Figura 27. Oxford Street nos anos 1920: a forma básica, ou a morfologia dessa famosa rua de Londres, é clara e razoavelmente constante, mas as pessoas e os sinais da tecnologia indicam outra época.

descriar ou reconstruir o real ou o que realmente ocorreu é condenada ao fracasso.

O filme explora a intencionalidade do seu cineasta e a sua visão do mundo. Ele se envolve com a teoria crítica à medida que explora a influência penetrante do romantismo. A qualidade definidora do romantismo é vista como sua afirmação de que *ser* deve render-se ao *significado*. Mas o erro do romantismo é a sua crença de que o sujeito humano pode formar sua própria identidade quando, de fato, ele é formado pelo *Outro* (ou aqueles que observam as atividades dele ou dela). O sujeito não pode dominar o olhar do *Outro*; ele é subserviente a esse olhar. É essa confiança nos preceitos românticos que diminui a interpretação do passado e do futuro que Keiller deseja retratar. Essa ilustração mostra o envolvimento cada vez maior de alguns geógrafos humanos com a literatura, que vai da psicanálise lacaniana às críticas do modernismo. Ao mesmo tempo, ela aborda a natureza das paisagens urbanas e as pessoas que as ocupam.

Esses exemplos são específicos e podem ser ilustrados por estudos de caso particulares. Muitas das novas abordagens para os geógrafos humanos têm objetivos mais gerais e buscam questionar interpretações prévias. O quadro traz algumas afirmações resumidas sobre o desenvolvimento das "geografias híbridas" que caem nessa última categoria. Sarah Whatmore descreve a sua pesquisa nesse campo como o foco nas relações entre as pessoas e o mundo vivo, os hábitos espaciais de pensamento que informam as maneiras nas quais essas relações são imaginadas e praticadas na conduta da ciência, da governança e na vida cotidiana.

## Os estudos geoecológicos sobre as superfícies frontais das geleiras

As superfícies frontais das geleiras são as zonas degeladas no período recente, defronte às geleiras retraídas (Figura 28). Desde que chegaram à sua extensão máxima na "Pequena Era do Gelo", a maioria das geleiras em geral retraiu durante muitos séculos, expondo uma nova terra que começou a evoluir. Esses lugares especiais proporcionam aos geógrafos físicos e outros uma oportunidade de investigar o desenvolvimento da vegetação, dos solos, dos relevos e outros aspectos da paisagem.

As superfícies frontais das geleiras podem ser consideradas laboratórios de campo nos quais um "experimento natural" se desenvolve: próximo à geleira, a paisagem é recém-exposta e desprovida de vida; mais distante, ela está exposta há mais tempo, as plantas estão colonizando, os solos estão se desenvolvendo e as encostas são mais estáveis.

## As geografias híbridas

Uma das questões mais centrais em geografia, a relação entre a natureza e a cultura, é abordada pelo estudo das geografias híbridas pela geógrafa britânica Sarah Whatmore. O argumento central é que a natureza e a cultura não são antíteses, mas estreitamente interconectadas. Essas conexões variadas e íntimas são mais bem estudadas pela investigação das ligações, habilidades e intensidade de vidas diferentemente incorporadas, em vez de pela referência a grandes questões acadêmicas ou de gestão corporativa. "As políticas da ecologia global são necessariamente mais plurais e parciais que uma visão global que mapeia um sujeito universal, o 'nós' da humanidade em um terreno finito."

O tema da relação entre o humano e o não humano é tratado em alguns dos estudos de caso que compõem o livro. A seção sobre "O Selvagem" questiona as formas pelas quais os animais são manejados na natureza. A designação de Selvagem, ou selva, não parece servir bem aos animais; eles estão presos em redes de regulação e de administração da vida selvagem que servem mais aos interesses humanos do que aos não humanos. No exemplo dos alimentos geneticamente modificados (GM), Whatmore vê os "medos dos alimentos" como resultado de uma confiança desgastada existente entre produtores, fornecedores e consumidores. O apelo é por uma voz mais forte para aqueles que entendem a produção agroalimentar e o consumo como uma ciência na cadeia de decisões que leva do campo ao prato.

Assim como outros tipos de experimento, as superfícies frontais das geleiras apresentam uma situação onde ao menos algumas das complexidades da natureza são simplificadas. O geoecossistema é relativamente simples, a história do desenvolvimento é curta, a escala espacial da paisagem é manejável e, mais importante, a idade do terreno é conhecida ou pode ser datada. Esse último aspecto é particularmente importante e levou ao conceito de cronossequência: a ideia de que a distância da parte frontal da geleira representa a idade e, portanto, o estágio de desenvolvimento da paisagem. Em outras palavras, o espaço pode ser considerado um substituto para o tempo na paisagem da superfície frontal da geleira. Isso possibilita o estudo da paisagem variável ao menos no decorrer de séculos, um período de tempo longo, impossível de observar diretamente de outra maneira ou de monitorar as mudanças. As datas precisas de deglaciação da superfície terrestre (Figura 28) permitem a inferência de taxas precisas de mudança na paisagem.

O que os biogeógrafos descobriram sobre a vegetação estudando essas paisagens? Ao investigar os padrões internos e entre as superfícies frontais, as taxas e trajetórias de sucessão de vegetação através do tempo foram relacionadas aos hábitats locais e às condições ambientais regionais. A simples noção de um único caminho de sucessão em direção a um estado estável ("clímax") foi refutada com os divergentes caminhos levando a diferentes estados de maturidade, controlados por gradientes ambientais como a altitude, a umidade, o comprimento do bloco de gelo e a interferência do gelo nos

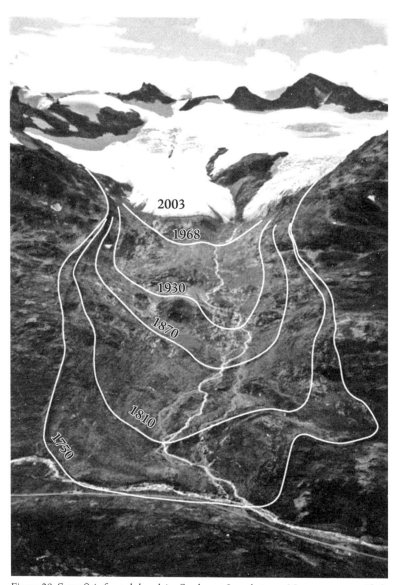

Figura 28. Superfície frontal da geleira Storbreen, Jotunheimen, Noruega: uma unidade de paisagem e sistema geoecológico. Os isócronos (linhas de igual idade da superfície terrestre) mostram a retração da geleira desde o máximo da "Pequena Era do Gelo" de meados do século XVIII.

solos. Esses resultados são adicionados a uma teoria geoecológica da sucessão, que tem aplicações no campo da regeneração e de recuperação da terra. As soluções universais para o dano que as atividades humanas impõem aos geoecossistemas são improváveis: são necessárias diferentes soluções ou, ao menos, modificadas, dependendo de considerações geográficas, como o ambiente particular e a posição na paisagem.

A contribuição geográfica foi tripla. Primeiro, a perspectiva geográfica levou a um conhecimento profundo da natureza e da extensão da variação espacial sobre a superfície frontal da geleira. Segundo, isso levou a um conceito mais realístico de cronossequência: a distância e a idade do terreno não são as únicas variáveis a serem consideradas na análise dessas paisagens. Terceiro, a abordagem geoecológica inclui uma apreciação holística das interações entre os processos físicos e biológicos no desenvolvimento dos vários elementos da paisagem. Contribuições similares têm sido feitas por zoogeógrafos, geógrafos do solo e geomorfólogos para o conhecimento e a compreensão de tópicos como a sucessão de insetos, o desenvolvimento do solo, as taxas de intemperismo das rochas, o desenvolvimento do solo com padrão periglacial e a formação de cristas de morenas pelas próprias geleiras.

## A geografia do aquecimento global

Um dos principais tópicos a ser abordados pela geografia física nos anos recentes, o aquecimento global, tem, sem dúvida alguma, um dos efeitos de maior alcance sobre o que os geógrafos fazem. O último relatório do Painel Intergovernamental sobre a Mudança Climática (PIMC/IPCC) concluiu que a temperatura média da superfície global aumentou em torno de 0,76 graus centígrados nos últimos cem anos e, se as concentrações de dióxido de carbono atmosférico dobrarem, pode-se esperar mais um aumento de em torno de 3,0 graus centígrados (com um provável intervalo de 2,0 a 4,5). As incertezas passadas sobre a taxa e a causa humana subjacente a esse aumento global na temperatura estão agora amplamente removidas. Os prováveis impactos mundiais sobre os ambientes naturais e sobre as pessoas estão muito mais claros, e há um apoio crescente, por exemplo, do Relatório Stern para uma ação econômica voltada para a redução das emissões de carbono. Além disso, está claro que uma resposta global é necessária para esse problema ambiental global.

Por que os geógrafos físicos em específico têm tido interesse e como eles contribuem para a solução desse problema ambiental? A resposta é que o aquecimento global tem muitos aspectos geográficos. Eles podem ser ilustrados com referência a várias dimensões distintas dos problemas de aquecimento global, a saber, a detecção, a previsão, os impactos e a mitigação.

A detecção do problema, em primeiro lugar, requer medidas de temperatura do ar tomadas de muitas partes do mundo. De forma similar, as variações geográficas na temperatura sobre as superfícies terrestres do planeta e sobre os oceanos devem ser levadas em conta para o cálculo de estimativas acuradas das temperaturas médias globais e para o refinamento de nosso conhecimento da taxa de aquecimento global. O termo "aquecimento global" tende também a ocultar o fato de que diferentes partes do globo se comportam de maneira distinta. Nas regiões polares, por exemplo, o aquecimento tende a ser maior que em qualquer outro lugar e, de acordo com estimativas recentes, o aquecimento do Ártico no decorrer do próximo século pode dobrar a média global. A Figura 29 mostra o aumento projetado da temperatura do ar na superfície para as latitudes do norte desde 1990 d.C. até 2090 d.C., de acordo com a Avaliação de Impacto do Clima Ártico (AICA/ACIA). É provável que o aumento da temperatura seja maior no setor russo do Ártico e menor sobre as partes do Atlântico Norte. É provável que os invernos sejam muito mais afetados que os verões e que as mudanças de precipitação sejam mais variáveis.

Os geógrafos físicos têm um importante papel no teste dos Modelos de Circulação Geral que simula o sistema climático da Terra e prediz o curso provável do futuro climático. Embora poucos geógrafos tenham as competências físicas e matemáticas para desenhar os Modelos de Circulação Geral, eles estão amplamente envolvidos no esforço multidisciplinar para testar esses modelos utilizando nosso conhecimento dos climas anteriores. Uma vez que os Modelos de Circulação Geral estão predizendo o futuro, eles não podem ser testados por observação convencional e por experimento; mas podem ser testados observando se são capazes de predizer o que já ocorreu. É por isso que as reconstruções dos climas passados por

GEOGRAFIA

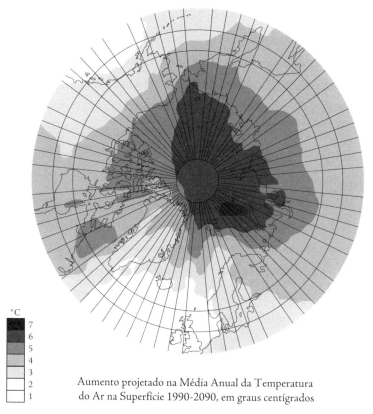

Aumento projetado na Média Anual da Temperatura do Ar na Superfície 1990-2090, em graus centígrados

Figura 29. Aquecimento ártico: média anual do aumento projetado de temperatura do ar para as latitudes do norte entre 1990 e 2090 de acordo com a Avaliação do Impacto do Clima Ártico (2004). Os sombreados mais escuros indicam mudanças relativamente grandes de temperatura no Ártico.

geógrafos físicos e outros são tão importantes. Tais reconstruções paleoclimáticas são feitas utilizando a evidência de muitas fontes diferentes (tais como núcleos de gelo, pântanos de turfas, sedimentos de lagos e anéis de árvores) coletadas de muitos ambientes distintos. A precisão com a qual os modelos podem prever os paleoclimas que diferem dos climas do

JOHN A. MATTHEWS • DAVID T. HERBERT

presente fornece uma medida de confiança que podemos ter em sua capacidade de predição de condições climáticas futuras.

Os impactos do aquecimento global também variam em diferentes partes do mundo. Os sistemas ambientais naturais diferem na sua sensibilidade a temperaturas crescentes, como o fazem os sistemas humanos. Um exemplo de um sistema natural altamente sensível é fornecido pela região do Sahel na África, onde mudanças relativamente pequenas na temperatura anual ou sazonal podem influenciar muito a disponibilidade de umidade, o crescimento da vegetação e as economias dependentes de colheitas e pastoreio. As regiões com temperaturas mais baixas e/ou chuvas mais frequentes proporcionam um ponto de partida que é menos vulnerável à seca. Um exemplo muito diferente é fornecido pelo impacto das temperaturas crescentes nos ambientes glaciais e periglaciais nos Alpes europeus. Lá, o aquecimento levou rapidamente à diminuição das geleiras, a um aumento na frequência dos fluxos de detritos que seguem o descongelamento da *permafrost* subjacente e à preocupação com a viabilidade de longo prazo de instalações de energia hidrelétrica que utilizam água do degelo de verão. No Ártico, implicações adicionais incluem a extensão dos blocos de gelo, a sobrevivência do urso-polar e o futuro da pesca de águas frias.

Finalmente, é improvável uma solução única para mitigar os efeitos do aquecimento global sobre as pessoas. As sociedades diferem em suas vulnerabilidades, e os geógrafos humanos estão bem situados para investigá-las. Algumas sociedades são mais capazes que outras de adaptação às condições de mudança ambiental ou escolherão responder de forma diferente. Em geral, as pessoas dos países mais pobres são mais vulneráveis que aquelas dos países ricos e também são menos capazes de adotar soluções tecnológicas caras. Esse é um diferente aspecto da mitigação para tentar reduzir a taxa de aquecimento global ou tomar uma medida global para prevenir o aumento nas temperaturas globais que exceda um limite superior, sendo que ambas requerem políticas diferentes para os países desenvolvidos e em desenvolvimento.

## Um programa para a geografia futura

A geografia, no início do século XXI, de fato propagou sua rede de forma ampla. Por um lado, existem conceitos centrais unificadores e competências que permanecem importantes para a disciplina como um todo; por outro, há tensões entre as subdisciplinas dentro das quais os especialistas rapidamente se multiplicaram. O contraste com a geografia tal qual era praticada no final do século XIX a meados do século XX é muito claro e leva à questão: onde a geografia se coloca agora como disciplina unificada?

## As forças da geografia atual

A disciplina tem um número significativo de forças e oportunidades que é crescente em muitas maneiras. Nunca houve uma maior necessidade de compreensão e conhecimento geográfico. Seja em relação a problemas ambientais locais ou globais, seja em relação a conflitos locais ou internacionais, isso é evidente em todos os lugares. O nível geral de literacia geográfica, ou de graficácia, com sua ênfase nas habilidades visuais-espaciais, necessita ser aumentado para a criação de riqueza, para a preservação e a melhora da qualidade de vida, para assegurar a sustentabilidade da Terra e suas pessoas, para a cidadania responsável e para a liderança nos níveis local, nacional e internacional. Isso apresenta não apenas oportunidades de pesquisa mas também oportunidades educacionais na preparação de pessoas para conhecer os desafios físicos e humanos de um mundo desigual ainda mais populoso, com uma economia global ainda mais competitiva. Nunca a frase "a geografia importa" teve mais ressonância que nos dias atuais.

A amplitude da disciplina de geografia é uma importante fonte de força. Os geógrafos físicos contribuem com conhecimento e compreensão como cientistas ambientais naturais, enquanto os geógrafos humanos desempenham papéis distintivos e importantes como cientistas sociais e teóricos sociais e culturais. Paralelamente, os que trabalham em temas integrados sobre o regional, sobre o histórico, sobre a interação humano-ambiente, sobre a mudança global ou sobre a geografia da paisagem, continuam as tradições holísticas da geografia e exemplificam seu papel de mediação. Em termos de pesquisa, portanto, as contribuições especializadas dos geógrafos físicos e humanos são complementadas pelos interesses dos geógrafos integrados com suas questões mais amplas e sua síntese.

GEOGRAFIA

Os estudantes de geografia na universidade se beneficiam consideravelmente dessa ampla missão. A geografia tem um imenso valor educacional pessoal, preparando profissionais formados flexíveis, com a amplitude do conhecimento e as competências de grande alcance – a numeracia, a literacia e a graficacia – necessárias para uma ampla variedade de ocupações.

Os conceitos centrais de espaço, lugar e ambiente são mais relevantes que nunca para a compreensão do mundo. A geografia possui agora uma base de conhecimento muito maior e um conjunto de métodos mais bem desenvolvidos, incluindo suas próprias técnicas especializadas associadas aos mapas, à Observação da Terra (EO) e aos Sistemas de Informação Geográfica (SIG/GIS), do que em qualquer período da sua história. Nem a complexidade da superfície da Terra nem a curta história da disciplina podem ser consideradas as fraquezas que foram um dia. A geografia está agora bem preparada para desempenhar sua missão.

Os problemas ambientais dotam a geografia de oportunidades evidentes. Primeiro, há oportunidades associadas à necessidade de compreender o ambiente biofísico propriamente. Padrões passados, presentes e futuros, processos e mudanças no ambiente biofísico necessitam ser reconstruídos, medidos, monitorados, modelados, mapeados e preditos pelos geógrafos físicos. Segundo, há oportunidades paralelas para os geógrafos humanos para explorar as dimensões econômicas, políticas, sociais e culturais do ambiente humano e da mudança ambiental humana. Mas há ainda maiores oportunidades para os geógrafos integrados, que focalizam as interações de mão dupla entre o ambiente biofísico e as pessoas, incluindo, entre outros tópicos, a percepção e a mitigação dos riscos naturais, da poluição e das doenças; a degradação e a restauração da terra; a exploração e a sustentabilidade dos recursos; a conservação e a preservação da biodiversidade, da geodiversidade e do patrimônio; e as dimensões humanas da mudança ambiental local, regional e global.

Existem oportunidades paralelas associadas com os conceitos centrais de espaço e lugar. Os avanços técnicos na descrição, no monitoramento e na análise da variação espacial sobre a superfície da Terra pela Observação da Terra e pelo Sistema de Informação Geográfica amadurecem à medida que o foco da atenção é cada vez mais capaz de voltar-se para os princípios técnicos, à modelagem e à teoria, mais do que às técnicas em si. Isso é parte da "modernização da geografia", com maiores implicações para o desenvolvimento intelectual e suas aplicações. No outro fim do espectro dos interesses geográficos, as muitas maneiras profundamente diferentes de interpretar e teorizar sobre o lugar dão à geografia novas oportunidades múltiplas.

Alguns sugeriram que a tendência à globalização está sinalizando o fim da geografia tradicional. Eles dizem isso por acreditar que um mundo dominado pelos processos de escala global parece diminuir a importância de nosso interesse tradicional nas considerações locais e regionais. Na geografia física, os processos globais, tais como a mudança climática e o ciclo do carbono, incluindo o impacto das emissões de "gás estufa" no aquecimento global, estão definindo cada vez mais a agenda de pesquisa. De forma similar, a comunicação rápida, o negócio corporativo e as agências internacionais estão levando a uma nova geografia humana global. Entretanto, uma importante tendência na geografia humana contemporânea tem sido questionar o potencial dos processos universais e focalizar as diferenças, a diversidade e a pluralidade de formas com que as pessoas reagem e iniciam a mudança. Há oportunidades surgindo tanto da globalização "humana" quanto "física" em relação à interação entre escalas que vão do local ao global. Os impactos locais da mudança global e o impacto global dos eventos locais são estreitamente relacionados. Sejam esses impactos relacionados ao aquecimento global, a um tsunami, ao terrorismo ou a uma crise financeira, eles ilustram a importância contínua e a relevância do espaço, do lugar e do ambiente no mundo em mudança.

## As fraquezas da geografia atual

Com um conjunto tal de forças e oportunidades, na pesquisa pura e na aplicada e na educação, é tentador dizer que a geografia nunca esteve tão bem! Contudo, a situação não é tão otimista como pareceria à primeira vista. Algumas das fraquezas e ameaças paralelas são sugeridas por Sally Eden em relação ao tema ambiental:

JOHN A. MATTHEWS ◆ DAVID T. HERBERT

> A geografia desviou seus olhos da esfera ambiental na primeira metade do século XX, e então foi pega desprevenida. A preocupação ambiental nos anos 1970 encontrou a geografia fragmentada, despreparada e talvez indisposta a tomar o papel de liderança. Embora os geógrafos na Grã-Bretanha e em outros lugares tenham explorado uma gama de temas ambientais desde então, hoje o "ambiente" está em todo lugar e em lugar algum na pesquisa geográfica. O trabalho resultante tem sido vigoroso e variado, mas, no final, meio indefinido. (Eden, People and the Contemporary Environment, em *A Century of British Geography*, 2003, p.213-43.)

Ela está se referindo às divisões internas que se desenvolveram na geografia, enquanto outras disciplinas tornaram-se cada vez mais interessadas nos tópicos ambientais, e enquanto surgiam as novas ciências "ambientais" integradas da mudança global, os sistemas de análise da Terra, a ciência da sustentabilidade e coisas parecidas. As fraquezas ou ameaças similares podem ser identificadas em relação a outras preocupações centrais da geografia do espaço e do lugar, embora os geógrafos também tenham feito contribuições importantes aproveitando a oportunidade de trabalhar cooperativamente com essas outras disciplinas.

A natureza e a importância da geografia não são bem compreendidas. As diferenças entre a geografia física e a humana e o núcleo compartilhado de conceitos podem ser confusos, e o papel de mediação da geografia com as ciências e as humanidades pode ser contestado. Sua amplitude levou à acusação de que ela é um "faz de tudo um pouco, mas nada direito". Ela tem um problema de imagem, assim como um problema

{212}

de identidade. A pesquisa geográfica não é sempre reconhecida dessa forma. Como um crítico observou certa vez, os geógrafos mergulham em questões de ciência e de teoria crítica, mas, para o público em geral, a geografia diz respeito a mapas. A compreensão da geografia fora da disciplina geralmente é muito pequena. A geografia tem também uma presença muito menos visível na mídia que a história ou a arqueologia, por exemplo. Essas incompreensões levam a geografia a ser subvalorizada não apenas pelo público em geral mas também por aquelas autoridades em educação, a academia, a indústria e o governo. Mesmo no interior da disciplina, há às vezes a ausência de comunicação e compreensão entre os geógrafos físicos e humanos ou a ausência de apoio mútuo em relação à integridade da geografia como um todo.

## O futuro da geografia

Parece que as lealdades divididas dos geógrafos, combinadas às percepções externas da disciplina, constituem as principais ameaças para a geografia chegar ao seu potencial máximo. Os geógrafos vão aproveitar suas forças e agarrar as oportunidades ou vão sucumbir às fraquezas e ameaças? Precisamos nos organizar melhor.

A questão-chave para o futuro é: como a geografia deve focalizar e organizar-se para maximizar suas forças, aproveitar ao máximo suas oportunidades e realizar seu potencial? Uma forma de fazer isso é sugerida pelo simples modelo

JOHN A. MATTHEWS • DAVID T. HERBERT

de estrutura da geografia apresentado na Figura 30. Nesse modelo, um conjunto de zonas concêntricas descreve o núcleo e a periferia da geografia. A geografia integrada está apresentada com um sombreado mais denso ao centro do núcleo da geografia. As áreas centrais da geografia são aquelas nas quais um ou mais dos conceitos-chave e métodos da disciplina formam um importante componente da pesquisa ou do estudo, ao passo que as áreas periféricas são apenas levemente conectadas com o centro. Além da periferia, a geografia mistura-se com os campos interdisciplinares de outras disciplinas, cada um dos quais com seu próprio núcleo identificável. Todos os limites entre as zonas estão apresentados como linhas pontilhadas para indicar que elas são permeáveis ao fluxo de ideias, em vez de barreiras entre as diferentes áreas do diagrama.

A geografia humana e a geografia física compreendem as duas metades do diagrama, ao passo que os segmentos podem ser vistos como especialidades particulares (como a geomorfologia ou a geografia econômica, as quais, por clareza, não foram nomeadas). As linhas verticais entre as geografias física e humana representam as diferenças entre as duas subdisciplinas, mas, como é possível notar, essas diferenças não se estendem para a área integrada do núcleo, o qual é definido pela interação dos elementos da geografia física e da geografia humana. Igualmente significativo é o reconhecimento de que algumas partes de cada especialidade e das subdisciplinas das geografias física e humana são centrais, outras partes são periféricas, enquanto outras ainda se estendem para os campos interdisciplinares.

# GEOGRAFIA

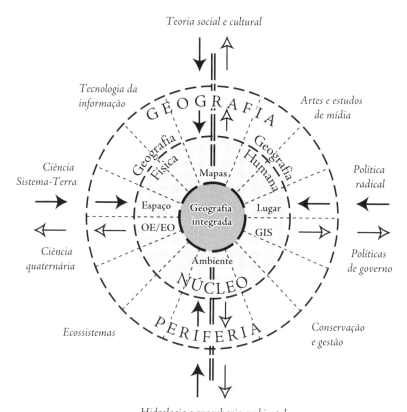

Figura 30. O futuro da geografia concebido pelo nosso cenário de "desenvolvimento integrado".

Possíveis cenários para o desenvolvimento futuro da geografia podem ser propostos em relação a esse modelo da estrutura da geografia, e três cenários alternativos estão considerados aqui:

+ o cenário *laissez-faire*;
+ o cenário desenvolvimento-separado;
+ o cenário desenvolvimento-integrado.

{215}

JOHN A. MATTHEWS • DAVID T. HERBERT

Cada cenário coloca ênfase em diferentes partes da estrutura da geografia – as especialidades, as subdisciplinas ou o núcleo disciplinar – e, portanto, os elementos desses três possíveis futuros podem ser vistos na geografia hoje.

De acordo com o cenário *laissez-faire*, que reflete de muitas maneiras as recentes tendências, o desenvolvimento não é controlado e, mais ou menos, "tudo vale". Nesse cenário, as especialidades existentes na geografia prosperariam e, certamente, numerosas novas especialidades continuariam a emergir. Os geógrafos também continuariam a fazer importantes contribuições para a pesquisa interdisciplinar, ao menos no curto prazo. Poderíamos argumentar que aceitar esse desenvolvimento não planejado é adequado. Afinal, isso parece ser o que já está acontecendo. Por que as possibilidades futuras seriam constrangidas se o futuro não pode ser predito? Uma razão é que mais diversificação e mais especialização provavelmente levariam a mais abandono do núcleo da geografia, com cada vez mais geógrafos trabalhando na periferia de sua disciplina, ou além dela. Esse distanciamento do centro das atividades de pesquisa e de ensino poderia significar que as áreas centrais do conhecimento e da compreensão – que compreendem a missão da geografia – seriam, portanto, negligenciadas, levando, em última instância, à fragmentação da geografia e à sua absorção por outras disciplinas ou por novas áreas da atividade interdisciplinar.

Um segundo possível futuro – o cenário do desenvolvimento-
-separado – concebe que as subdisciplinas das geografias física

{216}

GEOGRAFIA

e humana se tornarão cada vez mais autônomas. As duas metades da Figura 30 seriam separadas. Desde meados do século XX, as diferenças entre as geografias física e humana, em termos de assunto, literatura, métodos e bases filosóficas, tornaram-se mais salientes. Esse cenário meramente reconhece, consolida e enfatiza essas diferenças. Muitas das desvantagens desse cenário são, contudo, similares àquelas do cenário *laissez-faire*. O núcleo integrado da geografia, em particular, provavelmente será colocado de lado. Além disso, a geografia física ou a geografia humana são suficientemente coerentes para ficarem isoladas? A diversidade no interior de cada uma das subdisciplinas e a experiência passada de tais separações são uma evidência certamente suficiente para duvidar de sua viabilidade.

O terceiro e final cenário para consideração é o cenário desenvolvimento-integrado, que concebe a regeneração e a expansão do núcleo disciplinar da geografia. Há um foco renovado nos conceitos e métodos centrais. O desenvolvimento da teoria geográfica em um núcleo próspero informa as subdisciplinas e as especialidades que, ao mesmo tempo, são influenciadas por ideias externas à disciplina. A identidade disciplinar é fortalecida e há um papel externo mais focalizado para a geografia em relação à atividade interdisciplinar e às disciplinas vizinhas. A Figura 30 busca descrever esse futuro em forma de diagrama. O fluxo duplo de ideias entre o núcleo e a periferia e os exemplos dos problemas centrais e periféricos dos geógrafos são aspectos indicativos importantes desse cenário. O núcleo já é reconhecível e bem definido, mas não está consolidado. Ele poderia mudar ao longo do tempo para acomodar as novas dimensões à medida que a disciplina continua a se modernizar.

Em nossa opinião, o cenário desenvolvimento-integrado fornece a melhor opção da geografia. Se a geografia estiver focada em atingir esse cenário, ela se tornará mais efetiva e chegará a seu potencial pleno. De certa forma, isso nos possibilita ter o nosso bolo e comê-lo: é assegurado um futuro sustentável para a disciplina, no qual os diversos aspectos da geografia estão interconectados, interdependentes e com apoio mútuo. De forma única, os interesses centrais da geografia estão conectados a especialidades dinâmicas que, por sua vez, contribuem com a atividade interdisciplinar. Assegurando os fluxos de mão dupla entre o núcleo, a periferia, os campos interdisciplinares e as outras disciplinas, todas as partes da disciplina de geografia são promovidas, ao mesmo tempo que ela contribui plenamente para o *continuum* do conhecimento e a sua contribuição singular e importante como uma disciplina única claramente identificada é confirmada. Em resumo, o destino da geografia é realizado em um mundo multidisciplinar e interdisciplinar.

# Referências bibliográficas

Aqui indicamos as principais fontes de nossos exemplos, citações e figuras:

ACKERMAN, E. A. Where Is a Research Frontier? *Annals of the Association of American Geographers*, v.53, p.435, 1963.

ALEXANDER, D. E. Natural Hazards on an Unquiet Earth. In: *Unifying Geography*: Common Heritage, Shared Future. Org. J. A. Matthews; D. T. Herbert. New York: Routledge, 2004. p.266-82.

AMERICAN GEOGRAPHICAL SOCIETY et al. *Geography for Life*. Washington, DC: National Geographic Research and Exploration, 1994.

ARCTIC CLIMATE IMPACT ASSESSMENT. *Impacts of a Warming Arctic*. Cambridge: Cambridge University Press, 2004.

BARLOW, L. K. et al. Interdisciplinary Investigations into the End of the Norse Western Settlement in Greenland. *The Holocene*, v.7, p.489-99, 1997.

BIERI, S.; GERODETTI, N. Falling Women – Saving Angels: Spaces in Contested Mobility and the Production of Gender and Sexualities within Early Twentieth Century Train Stations. *Social and Cultural Geography*, v.8, p.217-34, 2007.

BUTLER, C. *Postmodernism*: A Very Short Introduction. Oxford: Oxford University Press, 2002.

CASTREE, N. Economy and Culture Are Dead! Long Live Economy and Culture. *Progress in Human Geography*, v.28, p.204-26, 2004.

JOHN A. MATTHEWS • DAVID T. HERBERT

CESAR, J. *The Gallic Wars and other Writings*. [s.L.]: Heron Books, 1957.

CHRISTALLER, W. *Central Places in Southern Germany*. Trad. C. W. Baskin. New Jersey: Prentice Hall, 1966.

CLARKE, D. B. The City of the Future Revisited or, the Lost World of Patrick Keiler. *Transactions, Institute of British Geographers*, v.32, p.29-45, 2007.

CLOETE, S. *A Victorian Son*: An Autobiography 1897-1922. [s.L.]: Heron Books, [1923] 1972.

COMAROFF, J. Ghostly Topographies, Landscape and Biopower in Modern Singapore. *Cultural Geographies*, v.14, p.56-73, 2007.

CRUTZEN, P. J.; STOERMER, E. The "Anthropocene". *International Geosphere Biosphere Programme Global Change Newsletter*, v.41, p.12-3, 2001.

DARWIN, C. *The Voyage of the Beagle*. [s.L.]: Heron Books, [1845] 1968. [Ed. bras.: *Viagem de um naturalista ao redor do mundo*. 2v. Porto Alegre: L&PM, 2008.]

DAVIES, W. K. D. Globalization: A Spatial Perspective. In: *Unifying Geography*: Common Heritage, Shared Future. Org. J. A. Matthews; D. T. Herbert. New York: Routledge, 2004. p.189-214.

DEAR, M. J.; FLUSTY, S. (Ed.). *The Spaces of Postmodernity*. United Kingdom: Blackwell, 2002.

DIAMOND, J. *Collapse*: How Societies Choose to Fail or Succeed. New York: Viking Press, 2005. [Ed. bras.: *Colapso*: como as sociedades escolhem o fracasso ou o sucesso. Rio de Janeiro: Record, 2007.]

EDEN, S. People and the Contemporary Environment. In: *A Century of British Geography*. Org. R. Johnston; M. Williams. Oxford: Oxford University Press, 2003. p.213-43.

ELIOT, T. S. Little Gidding. In: *Four Quartets*. v.4. parte 5. [s.L.]: Tristan Fecit, [1942] 2000. [Ed. bras.: *Poemas*. São Paulo: Companhia das Letras, 2018.]

FOTHERINGHAM, A.; BRUNSDON, S. C.; CHARLTON, M. *Quantitative Geography*: Perspectives on Spatial Data Analysis. United Kingdom: Sage, 2000.

GAILE, G. L.; WILLMOTT, C. J. (Ed.). *Geography in America at the Dawn of the 21st Century*. Oxford: Oxford University Press, 2003.

## GEOGRAFIA

GERSMEHL, P. J. An Alternative Biogeography. *Annals of the Association of American Geographers*, v.66, p.223-41, 1976.

GLANTZ, M. H. *Currents of Change*: Impacts of El Niño and La Niña on Climate and Society. Cambridge: Cambridge University Press, 2001.

GREGORY, D. Geographies, Publics and Politics. *Progress in Human Geography*, v.29, p.182-93, 2005.

GUELKE, J. K. Mrs. Gardner's World: Scale in Mormon Women's Autobiographical Writing. *Area*, v.39, p.268-77, 2007.

HÄGERSTRAND, T. *Innovation Diffusion as a Spatial Process*. Chicago: University of Chicago Press, 1968.

HERBERT, D. T. *The Geography of Urban Crime*. London: Longman, 1982.

_____; FYFE, N. R.; EVANS, D. J. *Crime, Policing and Place*: Essays in Environmental Criminology. New York: Routledge, 1992.

_____; MATTHEWS, J. A. Geography. In: *The Encyclopaedic Dictionary of Environmental Change*. Org. J. A. Matthews et al. London: Arnold, 2001.

INTERGOVERNMENTAL PANEL ON CLIMATE CHANGE. *Climate Change 2007*: The Physical Basis. Cambridge: Cambridge University Press, 2007.

INTERNATIONAL ASSOCIATION FOR LANDSCAPE ECOLOGY. IALE Mission Statement. *IALE Bulletin*, v.16, p.1, 1998.

KEAY, J. *The Royal Geographical Society History of World Exploration*. London: Hamlyn, 1991.

KNIGHT, C. G. Geography's Worlds. In: *Geography's Inner Worlds*: Pervasive Themes in Contemporary American Geography. Org. R. F. Abler; M. G. Marcus; J. M. Olsen. New Jersey: Rutgers University Press, 1992. p.9-26.

LE BRAS, H. World Population and the Environment. In: *The Earth from the Air*. Org. Y. Arthus-Bertrand. London: Thames and Hudson, 2005. p.47-52.

LIU, J. et al. Complexity of Coupled Human and Natural Systems. *Science*, v.317, p.1513-6, 2007.

LIVINGSTONE, D. Missionary Travels and Researches in South Africa. In: *The Oxford Book of Exploration*. Org. R. Hanbury-Tenison. Oxford: Oxford University Press, [1857] 1993.

LONGLEY, P. A.; BARNSLEY, M. J. The Potential of Geographical Information Systems. In: *Unifying Geography*: Common Heritage, Shared Future. Org. J. A. Matthews; D. T. Herbert. New York: Routledge, 2004.

MACKINDER, H. J. On the Scope and Methods of Geography. *Proceedings of the Royal Geographical Society*, v.9, p.141-60, 1887.

MARSH, G. P. *Man and Nature, or Physical Geography as Modified by Human Action*. Org. D. Lowenthal. [s.L.]: Belknap Press, [1864] 1965.

MASSEY, D. Globalisation: What Does It Mean? *Geography*, v.87, p.293-6, 2004.

MATTHEWS, J. A. *The Ecology of Recently Deglaciated Terrain*: A Geoecological Approach to Glacier Forelands and Primary Succession. Cambridge: Cambridge University Press, 1992.

_____; DRESSER, P. Q. Holocene Glacier Variation Chronology of the Smørstabbtindan Massif, Jotunheimen, Southern Norway, and the Recognition of Century- to Millennial-Scale European Neoglacial Events. *The Holocene*, v.18, p.181-201, 2008.

_____; HERBERT, D. T. Unity in Geography: Prospects for the Discipline. In: *Unifying Geography*: Common Heritage, Shared Future. Org. J. A. Matthews; D. T. Herbert. New York: Routledge, 2004. p.369-93.

MYERS, N. et al. Biodiversity Hotspots for Conservation Priorities. *Nature*, v.403, p.853-8, 2000.

NATIONAL GEOGRAPHIC SOCIETY. *Almanac of Geography*. Washington, DC: National Geographic Society, 2005.

OLDFIELD, F. *Environmental Change*: Key Issues and Alternative Approaches. Cambridge: Cambridge University Press, 2005.

ROLETT, B.; DIAMOND, D. Environmental Predictors of Pre-European Deforestation on Pacific Islands. *Nature*, v.431, p.443-6, 2004.

ROSE, J.; MENG, X. River Activity in Small Catchments over the Last 140 ka, North-East Mallorca, Spain. In: *Fluvial Processes and Environmental Change*. Org. A. G. Brown; T. A. Quine. New Jersey: Wiley, 1999. p.91-102.

SAIKO, T. *Environmental Crises*. New Jersey: Prentice Hall, 2001. cap.6, p.242-72.

*SCIENCE*. Review of Harm de Blij's. *The Geography Book*, 1995.

SLAYMAKER, O.; SPENCER, T. *Physical Geography and Global Environmental Change.* London: Longman, 1998.

SMIL, V. How Many Billions to Go? *Nature*, v.401, p.429, 1999.

*SOCIAL AND CULTURAL GEOGRAPHY*: A Collection of Papers on Lesbian Space, v.18, n.1, 2007.

STEVENS, S. Fieldwork as Commitment. *The Geographical Review*, v.91, p.66, 2001.

VALENTINE, G. *Social Geographies*: Space and Society. New Jersey: Prentice Hall, 2001.

WALKER, L. R.; WILLIG, M. R. An Introduction to Terrestrial Disturbances. In: *Ecosystems of Disturbed Ground*. Org. L. R. Walker. Amsterdam: Elsevier, 1999. p.1-16.

WHATMORE, S. *Hybrid Geographies*: Natures, Cultures and Spaces. United Kingdom: Sage, 2002.

WHITE, G. F. Geography. In: *Encyclopedia of Global Environmental Change*. v.3. London: I. Douglas, Wiley, 2002.

WILLIAMS, M. The Creation of Humanised Landscapes. In: *A Century of British Geography*. Org. R. Johnston; M. Williams. Oxford: Oxford University Press, 2003. p.167-212.

WOOLDRIDGE, S. W. *The Spirit and Significance of Fieldwork*. Council for Promotion of Field Studies, 1948.

# Sites

http://www.sasi.groupshef.ac.uk/worldmapper/display.php?selected=169
http://www.sasigroup.shef.ac.uk/worldmapper/about.html
http://www.landscape-ecology.org/about/aboutIALE.htm
http://www.earthobservatory.nasa.gov http://glcf.umiacs.umd.edu

JOHN A. MATTHEWS • DAVID T. HERBERT

# Leituras adicionais

Aqui sugerimos fontes de informações adicionais sobre os temas gerais que apresentamos ao longo do livro.

## Capítulo 1 – Geografia: o mundo é o nosso palco

Para uma descrição completa bastante recente da história da geografia, ver D. N. Livingstone, *The Geographical Tradition*: Episodes in the History of a Contested Enterprise (United Kingdom: Blackwell, 1992). O livro de G. J. Martin e P. E. James, *All Possible Worlds*: A History of Geographical Ideas (London: Wiley, 1993) é um texto substantivo que aborda a história da geografia em diferentes partes do mundo. O livro de A. Holt-Jensen, *Geography*: History and Concepts (United Kingdom: Sage, 1999), é um livro muito mais curto e sua última edição fornece uma boa visão geral da disciplina. R. J. Johnston em *Geography and Geographers*: Anglo-American Geography since 1945 (London: Arnold, 1997) fornece uma visão geral similar e bem estabelecida. O livro de P. Haggett, *Geography*: A Global Synthesis (New Jersey: Prentice Hall, 2001), apesar de redigido como um livro didático, com uma forte orientação para a análise espacial, é também uma introdução geral muito boa. A fundamental importância da geografia na educação e na pesquisa está enfatizada em *Rediscovering Geography*: New Relevance for Science and Society do US National Research Council (Washington, DC: National Academy Press, 1997). Uma coleção de curtos capítulos focalizando os conceitos centrais da geografia pode ser encontrada em S. L. Holloway; S. P. Rice; G. Valentine (Ed.), *Key Concepts in Geography* (United Kingdom: Sage, 2003). O livro *Why Geography Matters* (Oxford: Oxford University Press, 2005), de H. de Blij, discute, segundo o ponto de vista de um geógrafo, em um relato muito legível, os desafios práticos que o mundo enfrenta, incluindo a mudança climática, a ascensão da China e o terrorismo global. Um livro útil para aqueles

{224}

que pensam em estudar geografia na universidade é o de A. Rogers; H. A. Viles (Ed.), *The Student's Companion to Geography*, 2.ed. (United Kingdom: Blackwell, 2003).

Revisões completas e atualizadas do estado atual da geografia como uma disciplina de pesquisa estão apresentadas em R. Johnston; M. Williams (Ed.), *A Century of British Geography* (Oxford: Oxford University Press; British Academy, 2003); G. L. Gaile; C. J. Willmott (Ed.), *Geography in America at the Dawn of the 21st Century* (Oxford: Oxford University Press, 2003); e I. Douglas; R. Huggett; C. Perkins (Ed.), *Companion Encyclopedia of Geography*: From Local to Global, 2.ed. (New York: Routledge, 2007). O primeiro é vagamente organizado em torno do espaço, do lugar e do ambiente como três dos conceitos centrais da geografia; o segundo enfatiza a dinâmica ambiental, a dinâmica social e a dinâmica das interações entre o social e o ambiental como temas centrais de muitas especialidades da geografia; e o último apresenta um conjunto bastante abrangente de ensaios de geografia humana e geografia física, concebidos segundo várias opiniões do conceito de lugar.

## Capítulo 2 – A dimensão física: os nossos ambientes naturais

Há muitas introduções modernas e abrangentes aos fatos e conceitos da subdisciplina da geografia física. Bons exemplos incluem: P. Smithson; K. Addison; K. Atkinson, *Fundamentals of the Physical Environment*, 3.ed. (New York: Routledge, 2002); Alan Strahler; Arthur Strahler, *Physical Geography*: Science and Systems of the Human Environment, 3.ed. (London: Wiley, 2005); e R. W. Christopherson, *Geosystems*: An Introduction to Physical Geography, 6.ed. (United Kingdom: Pearson Prentice Hall, 2006). Uma descrição detalhada do desenvolvimento da geografia física, incluindo as tendências atuais, pode ser encontrada em K. J. Gregory, *The Changing Nature of Physical Geography* (London: Arnold, 2000). O mesmo autor também editou um livro-texto de quatro volumes com 65 contribuições centrais à subdisciplina em *Physical*

JOHN A. MATTHEWS • DAVID T. HERBERT

*Geography* (United Kingdom: Sage, 2005), reeditadas de suas fontes originais. Revisões regulares e atualizadas sobre o progresso na subdisciplina e suas especialidades podem ser encontradas no periódico *Progress in Physical Geography*, publicado pela Sage.

Exemplos de abordagens específicas, ou de paradigmas, na geografia física incluem L. B. Leopold; M. G. Wolman; J. P. Miller, *Fluvial Processes in Geomorphology* (California: Freeman, 1964); R. J. Chorley; B. A. Kennedy, *Physical Geography*: A Systems Approach (New Jersey: Prentice Hall, 1971); e O. Slaymaker; T. Spencer, *Physical Geography and Global Environmental Change* (London: Longman, 1998). A recente ênfase nos seres humanos como agentes físicos geográficos está bem representada por A. Goudie em *The Human Impact on the Natural Environment*, 6.ed. (United Kingdom: Blackwell, 2006), e também R. Huggett; S. Lindley; H. Gavin; K. Richardson em *Physical Geography*: A Human Perspective (London: Arnold, 2004).

A *Encyclopedia of Geomorphology*, com dois volumes, editada por A. Goudie (New York: Routledge, 2004) fornece um excelente exemplo de amplitude e profundidade de pesquisa e estudo dentro de uma das principais especialidades da geografia física. As contribuições de geógrafos físicos são exemplificadas por: J. J. Lowe; M. J. C. Walker, *Reconstructing Quaternary Environments*, 2.ed. (London: Longman, 1997); F. Oldfield, *Environmental Change*: Key Issues and Alternative Approaches (Cambridge: Cambridge University Press, 2005); W. M. Marsh; J. Grossa Jr., *Environmental Geography*: Science, Land Use and Earth Systems, 3.ed. (London: Wiley, 2005), e J. Wiens; M. Moss, *Issues and Perspectives in Landscape Ecology* (Cambridge: Cambridge University Press, 2005). Do lado metodológico, R. Haines-Young; J. Petch, *Physical Geography*: Its Nature and Methods (New York: Harper and Row, 1986), fornece uma boa, embora um pouco datada, introdução à geografia física como uma ciência ambiental natural. Algumas perspectivas filosóficas alternativas recentes são apresentadas em R. Inkpen, *Science, Philosophy and Physical Geography* (New York: Routledge, 2005); e em S. Trudgill; A. Roy (Ed.), *Contemporary Meanings in Physical Geography* (London: Arnold, 2003).

GEOGRAFIA

# Capítulo 3 – A dimensão humana: as pessoas em seus lugares

G. Benko; U. Strohmayer editaram uma coletânea útil de artigos sob o título *Human Geography*: A History for the 21st Century (London: Arnold, 2004), enquanto o livro *Social Geographies*: Space and Society (New Jersey: Prentice Hall, 2001), de Gill Valentine, faz a revisão de muitas das novas abordagens da geografia humana. Uma coletânea mais antiga é *Human Geography*: An Essential Anthology, editada por J. Agnew; D. N. Livingstone; A. Rogers (United Kingdom: Blackwell, 1996). Outras boas introduções aos vários paradigmas da geografia humana incluem: P. Cloke; C. Philo; D. Sadler, *Approaching Human Geography* (London: Paul Chapman, 1991); R. Peet, *Modern Geographical Thought* (United Kingdom: Blackwell, 1998); P. Daniels; M. Bradshaw; D. Shaw; J. Sidaway (Ed.), *Human Geography*: Issues for the 21st Century (London: Pearson, 2005); e P. Cloke; P. Crang; M. Goodwin (Ed.), *Introducing Human Geographies*, 2.ed. (London: Arnold, 2005).

Uma seleção de trabalhos sobre as várias especialidades no interior da geografia humana inclui: E. Sheppard; T. Barnes (Ed.), *The Companion to Economic Geography* (United Kingdom: Blackwell, 2003); R. Potter; T. Binns; J. Elliott; D. Smith, *Geographies of Development* (London: Pearson, 2003); M. Woods, *Rural Geographies* (United Kingdom: Sage, 2005); e A. Southall, *The City in Time and Space* (Cambridge: Cambridge University Press, 1998). O livro *Cultural Geography*: A Critical Introduction (United Kingdom: Blackwell, 2000), de D. Mitchell, oferece um conjunto particular de *insights* sobre o desenvolvimento e as prioridades atuais da geografia cultural. A coletânea editada por M. Dear; S. Flusty, *The Spaces of Post-Modernity*: Readings in Human Geography (Oxford: Wiley-Blackwell, 2002), abrange mais material do que o título sugere e é útil tanto por seus capítulos reflexivos quanto pelos outros exemplos da prática moderna.

O periódico *Progress in Human Geography*, publicado pela Sage, London, tem atualizações regulares sobre o trabalho recente nas várias subdivisões da geografia humana.

{227}

## John A. Matthews • David T. Herbert

A lista de contribuições à geografia humana de D. Harvey é impressionantemente longa e uma seleção dos principais trabalhos desse influente geógrafo humano merece uma análise minuciosa. Seu trabalho inicial *Explanation in Geography* (Oxford: Blackwell, 1969) refletiu seu envolvimento na "revolução quantitativa", mas seus principais trabalhos foram escritos do ponto de vista da teoria estruturalista marxista. Eles incluem *Social Justice and the City* (London: Arnold, 1973) e, mais recentemente, as novas edições de *The Limites to Capital* (London: Verso, 2006) [ed. bras.: *Os limites do capital*. São Paulo: Boitempo, 2013] e *Space and Global Capitalism*: Towards a Theory of Uneven Geographical Development (London: Verso, 2006).

## Capítulo 4 – A geografia como um todo: o terreno comum

Surpreendentemente, há poucos livros que abordam a geografia como um todo, e ainda menos os que verdadeiramente enfatizam a geografia integrada. Em nosso livro, J. A. Matthews; D. T. Herbert (Ed.), *Unifying Geography*: Common Heritage, Shared Future (New York: Routledge, 2004), 29 geógrafos escrevem especificamente sobre os muitos temas integradores que permeiam a disciplina da geografia. Um trabalho anterior importante que também considera explicitamente os temas que a geografia humana e a geografia física têm em comum é o de R. F. Abler; M. G. Marcus; J. M. Olsson (Ed.), *Geographer's Inner Worlds*: Pervasive Themes in Contemporary American Geography (New Jersey: Rutgers University Press, 1992). Outra fonte recente que aborda seriamente o escopo, a coerência e os conceitos centrais da geografia é o trabalho de N. Castree; A. Rogers; D. Sherman (Ed.), *Questioning Geography*: Fundamental Debates (United Kingdom: Blackweel, 2005).

A seguir, fornecemos informações adicionais sobre as cinco áreas da geografia integrada que discutimos nesse capítulo. As concepções tradicional e moderna sobre a geografia são exemplificadas, respectivamente, por R. E. Dickinson, *Regional Concept*: The Anglo-American Leaders (London:

GEOGRAFIA

Routledge and Kegan Paul, 1976), e R. J. Johnston; G. Hoekveld; J. Hauer (Ed.), *Regional Geography*: Current Developments and Futures Prospects (New York: Routledge, 1990). Livros recentes sobre a geografia histórica incluem: R. A. Butlin, *Historical Geography*: Through the Gates of Space and Time (London: Arnold, 1993); B. Graham; C. Nash, *Modern Historical Geographies* (New Jersey: Prentice Hall, 2000); e A. R. H. Baker, *Geography and History*: Bridging the Divide (Cambridge: Cambridge University Press, 2003). A interação entre as pessoas e seu ambiente foi utilizada por I. Douglas; R. Huggett; M. Robinson (Ed.) como o tema abrangente da primeira edição de seu *Companion Encyclopedia of Geography*: The Environment and Humankind (New York: Routledge, 1996), enquanto o ainda mais urgente tema da mudança global ambiental foi tratado em um grande número de livros, incluindo B. L. Turner II; W. C. Clark; R. W. Kates et al. (Ed.), *The Earth as Transformed by Human Action*: Global and Regional Changes in the Biosphere over the Past 300 Years (Cambridge: Cambridge University Press, 1990); J. R. Mather; G. V. Sdasyuk (Ed.), *Global Change*: Geographical Approaches (Tucson: University of Arizona Press, 1991); e A. Goudie (Ed.), *Encyclopedia of Global Change* (Oxford: Oxford University Press, 2002). O escopo da geografia da paisagem pode ser avaliado através dos trabalhos de P. Adams; I. Simmons; B. Roberts, *People, Land and Time*: An Historical Introduction to the Relations between Landscape, Culture and Environment (London: Arnold, 1998); I. White, *Landscape and History* (London: Reaktion, 2002); e L. Head, *Cultural Landscapes and Environmental Change* (London: Arnold, 2000).

## Capítulo 5 – Como os geógrafos trabalham

A gama completa de métodos usados pelos geógrafos é abordada em N. Clifford; G. Valentine (Ed.), *Key Methods in Geography* (London: Sage, 2003). Um número especial da *The Geographical Review* 91 (2001) contém 56 ensaios, em sua maioria idiossincráticos, sobre *Doing Fieldwork* (Fazendo trabalho de

JOHN A. MATTHEWS • DAVID T. HERBERT

campo). Uma visão moderna sobre os mapas e a cartografia que enfatiza as distintas formas nas quais os mapas moldam as atividades humanas é oferecida em J. Pickles, *A History of Spaces*: Cartographic Reason, Mapping and the Geo-Coded World (New York: Routledge, 2004). Uma história ilustrada dos mapas e da cartografia é fornecida por A. Ehrenberg (Ed.), *Mapping the World* (Washington, DC: National Geographic, 2006), enquanto as modernas técnicas envolvidas estão elaboradas em T. Slocum; R. B. McMaster; F. C. Kessler; H. H. Howard, *Thematic Cartography and Geographic Visualisation* (Upper Saddle River: Pearson Prentice Hall, 2005). O escopo de técnicas numéricas empregadas pelos geógrafos está bem coberto em N. Wrigley; R. J. Bennett (Ed.), *Quantitative Geography*: A British View (London: Routledge and Kegan Paul, 1981). O livro de M. J. Barnsley, *Environmental Modeling*: A Practical Introduction (Boca Raton: CRC Press, 2007), fornece uma excelente introdução para as bases conceituais e para os aspectos práticos da modelagem computacional de sistemas ambientais. A observação da Terra é bem introduzida por Paul Curran, *Principles of Remote Sensing* (London: Longman, 1986). A revisão definitiva do GIS está em P. A. Longley; M. F. Goodchild; D. J. Maguire; D. W. Rhind (Ed.), *Geographical Information Systems and Science* (London: Wiley, 2001), ao passo que as implicações e as tecnicidades são introduzidas de forma competente em N. Schuurman, *GIS: A Short Introduction* (Oxford: Blackwell, 2004).

Uma descrição completa da amplitude e profundidade da geografia aplicada é fornecida por M. Pacione (Ed.), *Applied Geography*: Principles and Practice (New York: Routledge, 1999). Boas introduções aos riscos e desastres naturais são o livro de I. Burton; R. W. Kates; G. F. White, *The Environment as Hazard* (New York: Guilford Press, 1993), e os dois livros de D. E. Alexander, *Natural Disasters* (UCL Press, 1993), e *Confronting Catastrophe*: New Perspectives on Natural Disasters (Terra, 2000). Uma coleção de ensaios publicados em *Progress in Human Gelography*, v.29, p.165-93 (2005), considera o papel do geógrafo no debate público (os ensaios de W. Turner e D. Gregory são particularmente interessantes).

## Capítulo 6 – O presente e o futuro da geografia

Para a primeira parte desse capítulo, que considera quatro exemplos de pesquisa de fronteira na geografia, outras leituras apropriadas foram listadas nas referências. Em relação ao futuro da geografia, a segunda parte do capítulo introduz ideias que foram elaboradas em nosso livro anterior: J. A. Matthews; D. T. Herbert (Ed.), *Unifying Geography*: Common Heritage, Shared Future (New York: Routledge, 2004; ver esp. o capítulo final, p.369-93). Visões alternativas sobre o futuro da disciplina da geografia estão apresentadas em dois livros editados por R. J. Johnston: *The Future of Geography* (London: Methuen, 1985) e *The Challenge for Geography*: A Changing World, a Changing Discipline (Oxford: Blackwell, 1993).

# ÍNDICE REMISSIVO

## A

abordagem
  de sistemas 56-61, 78, 145-6
  holística 33, 76-8, 144-5
ação da capilaridade 56
acordos internacionais 142
adaptação 129-30, 133-5
África 20, 22, 25, 29, 51, 124-5, 174, 195, 206
Agassiz, Louis 61
agência 93
agricultura 48, 59-60, 108, 125-6, 128, 136, 168, 174-5, 206
água fresca 71, 135, 137-9, 141
aids 10, 109
ajuda externa 125-6
alimentos geneticamente modificados (GM) 199
Alpes 61
Althusser, Louis 93
Amazônia 127, 174

ambiental
  arqueologia *ver* geoarqueologia
  degradação 23-4, 125-6
    *ver também* solo, degradação do
  desastre 174-5, 187-8
    *ver também* riscos naturais
  determinismo 27-8, 80-3, 132-3
  engenharia 76-7, 134, 215
  impacto sobre pessoas 27-8, 132-4, 140-2
  indicadores 139-42
  monitoramento 54, 142, 153, 158, 188
  mudança 26, 33, 61-71, 139-44, 155, 167-8, 181-2, 211-2
    *ver também* global, mudança ambiental
  problemas 76-7, 175, 207-8
  reconstrução 64-5, 131-2, 155
  sistemas 78
  sustentabilidade 33, 110, 125-6, 135

{233}

ambientalismo 122

ambiente

conceito de 21-6, 33, 94-5, 121-2, 142, 144-5

marinho 63-4, 129-30

*ver também* paisagem natural; interação humano-ambiente; social, ambiente

ambientes áridos e semiáridos 56, 76-7, 137-9

América do Norte 18, 47, 114

América do Sul 21, 45-7, 127, 143, 172

amostragem 85, 153, 166-7

análise

de pólen 65

do discurso 92-3, 110, 179, 183

estatística 54-5, 84-5, 112-3, 115-6, 153, 166-7

multivariada 166-7

qualitativa *ver* literácia

anéis de árvores 65, 205

animais 49, 57, 74, 128, 144, 199

Antártica 64-6, 127, 182

Antropoceno 69-71, 139-44

antropologia 131

antroposfera 44, 48, 140

aposentadoria 114

aquíferos 137

áreas

de código postal 115

protegidas *ver* reservas

arqueologia 75, 131, 213

*ver também* geoarqueologia

arquitetura 92-3, 98-9, 119

Arrhenius, Svante 69-70

arte e artistas 92-3, 98-9, 147, 178-9, 194-5, 215

assentamento 37, 79, 81, 84, 86, 94, 98-9, 131, 145, 187

Norse 129

aterrissagem na Lua 41

atividade

interdisciplinar 73-6, 188, 204-6

militar 48

atmosfera 25-6, 43-5, 55, 64, 66, 70-2, 74, 156

Austen, Jane 194-5

Austrália 25, 47, 143

Avaliação de Impacto do Clima Ártico (AICA/ACIA) 204-5

avaliação de terreno 76

## B

Bacia do Mediterrâneo 143, 156

Bacia do Tâmisa 49

bacia hidrográfica 73

bacias de drenagem 45, 73, 175

bairro 25, 31-2, 89, 91, 110, 115-6, 163-5, 192

Banco Mundial 109

Barbados 64

# GEOGRAFIA

Barnsley, M. J. 171

Barthes, Roland 93

Baudrillard, Jean 119, 178

biodiversidade 45, 74, 143, 144, 210

biogeografia 43-4, 50, 72, 74

biosfera 43, 44, 72, 78

bloco de gelo 200-1, 206

bosques 104, 128, 160

botânica 45

Butler, Christopher 119

## C

Caminho de Fosse 128-9

capitalismo 90, 196

Capone, Al 190, 191

carne de caça 135

cartografia 30, 111, 162, 165

Castree, Noel 103

causa e efeito 112-3, 129-36, 145-6

cenário 144-5

cenários para o futuro da geografia 213-8

César, Júlio 18

China 18, 29, 124, 127, 143, 148, 186

Christaller, Walther 84-6

ciclo da erosão 49-52, 155-6, 169-171

ciclo do carbono 69-70, 210-1

   *ver também* combustíveis fósseis

ciclo mineral 56-60

ciclone 137

   *ver também* furacões

ciclos glaciais e interglaciais 61-6, 156-7

cidades 25, 31-2, 73, 79, 83-6, 90, 92-4, 104, 106-7, 110, 114-5, 118, 148, 152, 159, 163, 164, 169, 183-4, 186, 193, 196

ciência 20-1, 40-1, 43, 84-6, 123, 131-2, 149-50, 188, 198, 212

ciência dos sistemas terrestres 72, 75-6

circulação geral de atmosfera 55, 74

Clark, K. G. T. 80

Clarke, David 195

Clements, Frederick E. 50

clima 45, 50-2, 56, 63, 68-9, 73, 129, 133, 152, 156, 168-9

   futuro 70, 202-7

climática

   mudança 50, 63-4, 77, 160, 174, 203, 210-1

   Optimum 67

   variabilidade 68, 70

   zona 45, 156

climatologia 43-4, 50, 54-5, 72, 73-4, 156

Cloete, Stuart 22

colapso das civilizações 131-2, 167-9

Coleman, Alice 158

coleta de informações 153, 174-7

Colombo, Cristóvão 20, 40

colônias *ver* imperialismo

combustíveis fósseis 33, 69, 71, 136

{235}

JOHN A. MATTHEWS • DAVID T. HERBERT

comércio 129-30
 de escravos 126-7
companhias multinacionais 125-6,
 142
conflitos 26, 31-2, 95, 114, 126, 129-
 30, 208
conhecimento incorporado 98-9
conservação 56, 136, 144, 148-9, 152,
 210
 da vida selvagem 126, 135, 199
Constable, John 194
consultoria 182-3
consumo 108, 116, 136, 148, 199
contorno do vale 31-2, 45
corte e queima 59-60
Cosgrove, Denis 147
crime 80, 115, 172, 182, 191-4
criosfera 44, 72, 74
cronossequência 200-2
cultura 27, 31-2, 98-9, 119-20, 122,
 134, 144-5, 187-8
cultura material 98-9, 146
cultural
 geografia 82, 89-90, 96-103, 111-
 3, 119-20, 130
 teoria 40-1, 94-9, 208-9, 214, 215
 volta 96-9, 108-9
curso estável (estado de equilíbrio) 60-1

D
dados "proxy" 65

dados censitários 86-7, 113-6
dança 102, 179
Darby, H. C. 128
Darwin, Charles 21, 27, 49
datação
 por luminescência oticamente estimulada (LOE) 156
 por radiocarbono 66
Davis, William Morris 49-50
Dear, M. J. 94
decompositores 57
delegação 127
Derrida, Jacques 93, 178-9
descoberta 19-20, 27, 39, 40, 111,
 151, 154
desconstrução 81
desenvolvimento sustentável 40
desertificação 77, 137, 174-5
deslizamento 185
desmatamento 45, 69, 127, 131, 141,
 168-9, 180-1
dessecação 174-5
desvantagem 115-6
detecção (da mudança do clima) 202-4
determinismo 28, 80, 82, 90-1, 133
detritos 58-60, 157, 206
Diamond, Jared 168
diáspora 107
Dickens, Charles 179, 194
diferença 82, 110
diferenciação de áreas 83, 124

# GEOGRAFIA

dióxido sulfúrico 71

distância 20, 24, 30-1, 62, 84-6, 125, 161, 169, 185, 202

doença 126

*ver também* humano(a), saúde

Domesday Book 128

domínios públicos e privados 181

## E

ecologia 98, 101, 145-7, 199

economia 84, 88, 95, 97, 108, 110, 128-30, 165, 178, 186, 206, 208

econômica

geografia 87, 96, 97, 108-9, 214

homem 87-8

regeneração 118

ecossistema 57, 74, 129-30, 145, 215

edafólogos 45

Eden, Sally 211-2

efeito estufa/gases 69-71, 202-7, 210-1

El Niño 45-7

Eliot, T. S. 17

eluviação 56

empírica

tradição *ver* pesquisa baseada em evidência

volta 112

empoderamento 92, 110

encostas 31, 45, 50-1, 53, 54, 69, 73, 160, 199

engenharia 76-7, 134, 176-7, 215

entrevistas 159-60, 163

epidemias 26, 109

episódios interglaciais 61-4, 156-7

Era do Gelo 62-8, 129, 198, 201

errático 62

erupções vulcânicas 137-8, 187-8

escala 30-1, 34-5, 45-6, 48, 55, 57, 66, 69-71, 73-4, 76, 78, 82, 91, 114, 119, 122, 125, 131, 139-40, 142, 145, 156, 168, 200, 210-1

escala local 45, 76

Escola de Berkeley 101

*ver também* Sauer, Carl

espacial

análise 84-5, 94, 111-2, 153, 193-4, 210

ciência 84-8

desigualdade 125

modelo de difusão 169-71

padrões 45-6, 54, 84-5, 142, 146-8, 200

perspectivas 77-8

processos 47, 149

representação 153

espaço

conceitos de 30-1, 84-5, 94, 103-4, 142, 144-5, 210, 215

doméstico 161

em substituição do tempo 198-200

geográfico 22-3, 30, 144-5, 166

lésbico 105
percebido 89
público 104-5
urbano 110
espaços de medo 104-5
especialização
na geografia 40-1, 123, 207-9,
213-8
na geografia física 72, 73-8
na geografia humana 78, 79-85,
88, 92-7
espécies
de pássaros 71, 144
de peixes e pesca 71, 135-6, 206
em risco *ver* extinção de espécies
espeleotemas 65
estabilidade da encosta ou declive 76-
7, 156-7, 186-7, 198, 206-7
estruturalismo 82, 90-5, 112, 178
estruturas 25-6, 90, 92, 94, 112-4, 142
*ver também* estruturalismo
estruturas ocultas 90-1, 112-3
estudos de caso 112, 167
estudos de mídia 215
ética 40, 142, 144, 161
etnicidade 106-7, 130
eventos
extremos 54-5
neoglaciais 65-8
evolução, teoria da 21-2, 49
expedições 19-21, 40-1, 111-2, 159

[O] "Experimento Geográfico" 10, 27-
9, 132
explanação 39, 55, 57, 62, 79-82, 85,
92, 103, 106, 109, 113, 124
exploração 17, 19-21, 24, 27, 39, 40-1,
69, 71, 76, 84, 111-2, 122, 134-6,
139, 151-2, 153, 154, 209-10, 212
extinção de espécies 71, 141, 148

## F

feminismo 103-4
*ver também* gênero
fertilizante 71, 141
filme 98, 179, 194-8
filosofia 84-5, 97, 178
floresta
boreal conífera 58
decídua de verão 58
tropical 40, 58-9, 71, 74
Flusty, S. 94
fogo 24, 59
fome 126
*ver também* inanição
fotografia aérea 153, 174-5, 176
Foucault, Michel 93
furacões 61, 139, 181, 185

## G

Gales, País de 99, 100, 163, 164, 185
gaulês 18
geleiras 54, 198-9, 206

# GEOGRAFIA

generalização 48, 82, 84, 88, 125, 171

gênero 104-5, 110, 130, 184

gentrificação 117, 118-9

geoarqueologia 72, 75-6, 131-2

geocriogenia 72, 75

geodiversidade 210

geoecologia 71, 141-2, 145, 198-202

geoecosfera 43-9, 52, 54, 57, 65-6, 68-70, 74

geoecossistemas 57-9, 73, 136, 200

geografia

    abordagem holística da 33, 76-8, 145-6, 202, 208

    amplitude da 28-9, 77

    assunto da 25-6

    bases físicas da 48-9, 78, 81

    cenários para seu desenvolvimento 215-6

    como uma ciência 21-2, 40-1, 43, 123, 149-50

    conceitos centrais em 30-4, 36, 121-2, 207-8, 214

    da mudança global 139-44, 208-9

    definida 17-26, 34-41

    do afeto e das emoções 108

    do aquecimento global 202-7

    do crime 191-4

    do dinheiro e do consumo 108

    dos recursos naturais 135

    e vida cotidiana 24-6, 198

    especialização na 40-1, 123-4

    faces modernas da 191-213

    forças e fraquezas da 28-9

    futuro da 149-50, 189, 207-18

    história da 17-30, 34-6

    identidade da 121, 216-8

    interação humano-ambiente 132-9, 208-9, 214

    modernização da 210-2

    nas escolas 122, 207-8

    nas universidades 26-9, 37-41, 108, 123, 132, 208-9

    seu objeto de estudo 25-6, 144-5

    unidade na 189, 207-18

    *ver também* geografia aplicada; geografia comportamental; biogeografia; climatologia; cultural, geografia; geografias do ciberespaço; geografia do desenvolvimento; econômica, geografia; geomorfologia; geografia histórica; geografia humanística; geografias híbridas; integrada, geografia; paisagem, geografia da; geografia física; geopolítica; população, geografia da; quantitativa, geografia; regional, geografia; comercial, geografia; geografia rural; social, geografia; solo, geografia do; urbano(a), geografia

geografia aplicada 82, 151, 180-8

{239}

## JOHN A. MATTHEWS • DAVID T. HERBERT

geografia comportamental 82

ver também geografia humanística

geografia do desenvolvimento 97, 109-10, 125-6, 206-7

geografia do varejo 162

geografia física 28-9, 34-6, 39, 40, 43, 45-8, 48-57, 60-1, 68, 70, 72, 73-8, 80, 102-3, 131-2, 149-50, 155-6, 159, 169, 191, 202-3, 210-2, 214, 215, 216-7

geografia histórica 95-6, 97, 108, 122, 128-32, 140, 183

geografia humanística 89-91, 110, 147, 163

ver também geografia comportamental

geografia rural 84, 97, 99-100

geografias do ciberespaço 108

geografias híbridas 198-9

geografias sistemáticas 39, 95-6, 108-11

geográfica

análise 30, 54

habilidades 151-88

métodos 151-80, 193-4, 208-9

geologia 45, 50, 63, 71, 73-5, 136-7

geomorfologia 43-4, 50-1, 54, 72, 73-6, 146, 155, 202, 214

geopolítica 110

gestão 40, 146, 152, 199, 215

glacial

episódios (glaciais) 62-4

erosão 61-2

geomorfologia 54

glaciólogos 45, 62

global

aquecimento 10, 24, 26, 45, 68, 70, 77, 182, 188, 202-7, 210-1

escala 45, 48-9, 74, 125, 139-44, 171-2, 182, 210

mudança ambiental 72, 121, 139-44, 182, 211-2

globalização 33, 114-5, 120, 125-7, 140, 210-1

Google Earth 174

graficácia 153, 162-77, 208-9

grafite 110

Gregory, Derek 113

Groenlândia 64, 66, 129, 182

grupos focais 159

guerra 98, 109, 195

ver também conflitos

guerras pela água 136

gueto 107

## H

Hägerstrand, Torsten 169

Hall, Peter 181

Hardy, Thomas 89-90

Hartshorne, Richard 83, 124

Harvey, David 90-1, 178

herança 95, 101, 123, 183, 186

Heródoto 18-9

# GEOGRAFIA

hidrologia 45, 72, 74-5, 155, 162, 215

hidrosfera 43-4, 69, 72

hipótese 85, 155, 158, 192

história 17, 20, 26, 31, 37, 63, 69-70, 79-80, 93, 97, 99, 115, 119, 123, 129-32, 149, 177, 179, 186, 195, 200, 213

 *ver também* geografia, história da

hotspots de biodiversidade 142-4

humano(a)

 ambiente 135, 139-40, 142, 144-5

  *ver também* ambiente, conceito de

 dimensão da mudança global 142, 209-10

 geografia 28-9, 35, 38-40, 47-8, 78, 79-120, 122, 131, 147, 149-50, 158-9, 166, 169, 172, 180, 183, 189, 191, 194, 211, 214, 215, 217

 impactos no ambiente 24, 48, 69-72, 77, 132, 206

 impactos no clima 202-7

 impactos nos pandas gigantes 147-9

 índice de desenvolvimento 109

 "pegada" ambiental 70-1, 141-2

 saúde 126-7, 137-8, 209-10

Humboldt, Alexander von 27-8, 48-9, 78, 144-5

Huxley, Thomas 49

## I

Ilha de Páscoa 168-9

ilhas 20-1, 77, 144, 168-9

Ilhas Canárias 48-9

Ilhas Galápagos 21

imperialismo; época do 21-2, 126, 130-1, 152, 165-6

inanição 109, 126-7

 *ver também* fome

incêndios 71

indicadores territoriais 115

industrialização 109, 131

insetos 202

integrada

 geografia 10, 39, 121-50, 214, 215

 geografia física 52, 73, 78

intemperismo 59, 202

 salino 77

interação

 complexa 60, 66, 125-6, 132-5, 147-8, 169-70, 174-5, 198-200, 209

 humano-ambiente 27, 33, 46-7, 77, 79-80, 132-9

 pessoas-ambiente; *ver* interação humano-ambiente

interferências 48, 60-1, 78, 126-7, 200-1

interglaciais, episódios 61-4, 156-7

internet 142, 174

{241}

inuit 129-30

inundações 47, 74, 134-5, 137-9, 181, 185, 187-8

irrigação 135-9, 159, 175

isopléticos 163

isótopos de oxigênio 64

**J**

Jotunheimen 66, 67, 201

**K**

Keiller, Patrick 195-8

**L**

laboratório de campo 191, 199

lago 44, 66, 129

    bacias hidrográficas 73

    sedimentos 65-6, 67, 205

Landsat 176

lençol freático 44, 135-9, 175

lenha 148-9

linguagem 18, 92-3, 98, 106, 153, 166, 187

literácia 153, 162, 177-9, 208-9

literatura 10, 93, 102, 177-9, 194-8, 217

litosfera 44, 45

Livingstone, David 19-20, 40

livre comércio 115

lixiviação 55-6, 60

localidade 25, 32, 85, 87, 163-5, 186, 194

loesses 65, 160

Longley, P. A. 171

lugar

    conceito de 17-26, 31-3, 88-9, 94, 98-9, 121-2, 142, 209-10, 215

    em geografia aplicada 154

    em geografia da paisagem 144-5

    em geografia física 45-6

    em geografia histórica 128

    especificidade do 116, 125

    lugares literários 31-2

    significado do 116

Lynch, Kevin 93-4

**M**

Mackinder, Halford J. 27

Maiorca 156-61

mamíferos 71, 144, 148

Manuais da Inteligência Naval Britânica 124

mapas 9, 19, 21-3, 26-7, 30-2, 37-41, 48, 111, 151, 153, 154, 158, 162-6, 172, 193-4, 209, 213, 215

    mentais 31-2, 89, 91-2, 163, 164, 165, 193

    projeção de 30, 162

    *ver também* cartografia

Mapinfo 172

Mar de Aral 11, 174-5, 176

GEOGRAFIA

Marsh, George Perkins 23, 69

marxismo 90, 92-3, 112, 189, 193

Massey, Doreen 115

materialismo tecnológico 133, 134

Mato Grosso 40

megageomorfologia 74

Meso-América 69, 143

Mesopotâmia 69

metano 71

meteorologia 45, 54-5, 137

método
científico 23, 53
comparativo 38, 152

migração 87, 106, 113-4, 148, 162, 171, 183-4, 186

Milankovitch, Milutin 63-5

minérios metalálicos 136

missionário 20

Mitchell, Don 98-9

mitigação
de risco 76-7, 184-8, 209-10
ver também riscos naturais
dos impactos ambientais 75-6, 134-5, 142, 187-8, 202-3, 206-7

mobilidade 89, 110, 113-4, 163

modelagem 54, 149, 153, 158, 166, 209-10

modelo de Chicago 93-4

modelo de uso da terra de Von Thünen 84

Modelos de Circulação Geral (GCMs/ MCG) 204

Monet, Claude 194

monitoramento 33, 54-5, 142, 153, 158, 161, 174-6, 180-1, 186-8, 200, 209-10

montanhas 9, 11, 19, 31, 45, 66, 74, 154

morenas 62, 202

mórmons 23, 101, 161

mudança ambiental do Holoceno 65-72, 156-62

mudança através do tempo 45-6, 51, 85, 146
ver também ambiental, mudança

mudança costeira 77, 156
ver também mudança do nível do mar

mudança do nível do mar 64, 77

mudanças de paradigmas 81-3, 94-6

mundo islâmico 18

mundo romano 18, 26-7, 128-9

música 23, 98, 179

# N

Nações Unidas 109, 137

natural
ambiente 24, 27, 33, 43-78, 79-81, 95, 125-6, 130-2, 135, 140, 142, 152
arquivo 65

{243}

JOHN A. MATTHEWS • DAVID T. HERBERT

ciência ambiental 29, 43, 49, 53, 70, 75, 150
experimento 198-200
interferência 48, 60-1, 78
recursos 122, 135-7
riscos 26, 122, 135, 137-9, 184-8, 209-10
tradição da ciência 149-50
variabilidade climática 69-70
natureza 9-10, 27-8, 35, 37-8, 39, 54, 89, 113, 122, 132-3, 135, 198-200, 212-3
neolítico 69
noosfera 44, 47
Nora, Pierre 131
Norfolk Broads 129
núcleo do gelo 64-6, 205
numerácia 85, 153, 162, 166-71, 177-8, 209

## O

objetividade 81, 99
Observação da Terra (EO/OT) *ver* sensoriamento remoto
observação participante 159
oceanos 44, 47, 49, 62-4, 139, 185, 203
organizações não governamentais (ONGs) 180
Oriente Médio 127, 136
ozônio 33, 141

## P

Painel Intergovernamental sobre a Mudança Climática (IPCC/PIMC) 203
paisagem
ciência 72
como palimpsesto (papiro) 36, 147
conceito de 20-1, 36-7, 122, 144-8
cultural 27-8, 82, 133, 159
dinâmica da 45, 146, 198
ecologia 144-9, 198-202
evolução 48-51, 130-1, 146-7
geografia da 144-9, 208
gestão 146
heterogeneidade 145
instabilidade 60-1, 78
lendo a 37
natural 27, 43
planejamento 146
relíquias 128-9
sensibilidade e resiliência 61, 78
significados da 112-3
sistemas 56-61
Países Mais Desenvolvidos (PMD) 109-10, 173
Países Menos Desenvolvidos (PMD') 109-10, 139, 173, 207
Países Recentemente Industrializados (PRI) 109
paleoclimas 75, 205-6

# Geografia

paleossolos 156-61

panda gigante 148-9

pântanos 65-6, 67, 205

pedosfera 44, 69, 72

"Pequena Era do Gelo" 67, 68, 129, 198, 201

percepções 10, 33, 66, 82, 89, 91, 98, 132, 133, 194, 210

perda do hábitat 144, 148

periglacial 77, 202, 206

perigos geofísicos 26, 76, 137-8, 184-5

Período Quente Medieval 67

permafrost; *ver* solo congelado

pesquisa

    agenda 180-1

    baseada em evidência 94-5, 111-20, 182-3, 187-8, 192

    *blue sky* 183

    desenho 153

pixels 145

planejamento 76, 104-5, 146, 152

pobreza 91-2, 106, 115-6, 192

política

    de decisões 71-2

    geografia 95-6, 97, 110-1

política de governo; ver políticas

políticas 97, 109, 123-5, 134, 180-4, 186-8, 199, 215

poluição 26, 69-70, 137, 142, 175, 210

população

crescimento 71, 125, 138, 140-2, 144

    distribuição 79-80, 128

    geografia 95-6, 97, 108-11

    mudança 113, 125, 144

    mundial 71, 136, 141, 144

    pressão 126-7, 144

pós-colonialismo 152

pós-estruturalismo 82, 92-3, 110, 178

pós-modernismo 82, 92-6, 110, 178, 193-5

pradarias de savanas 74

predição 64, 133, 187, 202-6

probabilidade 136, 166-7, 169-71

processos

    de decisão 31-2, 87-8, 131-2, 141, 168-9, 186-7

    de formação de solo 55-9, 160

    na geografia física 52-61, 74-6, 211

    na geografia humana 98-9, 130-1, 142, 145, 211

    na geografia integrada 121-2, 130-1, 135-6, 142, 145-6

    naturais de formação de sítios 75

    superfície da Terra 10-1, 20, 27-8, 54-61, 74, 146, 154

Produto Interno Bruto (PIB) 109, 172, 173

programa para uma geografia futura 189, 207-18

projeção

{245}

de mapa 30, 162

de Mercator 30, 162-3

## Q

qualidade de vida 90, 106, 116, 208

quantitativa

análise *ver* numerácia

geografia 82, 83-8, 111-2

revolução 52-3, 84-5, 111-2, 166-7, 176-7

quaternária

ciência 72, 75, 146, 215

mudança ambiental 61-71, 156-61

Quênia 127, 143

questionários de *survey* 159

## R

racismo 103-4

*ver também* etnicidade

reciclagem 136

recursos

exploração de 20, 24, 69, 71, 122, 135-7, 152, 174-5, 209-10

não renováveis e renováveis 135-6

refugiados 25-6, 183-4

*ver também* migração

regional

diferenças 114-5

escala 45, 142, 209-10

estudos 110-2

geografia 18, 24-5, 34-7, 51-2, 80-4, 97, 119-20, 123-7, 181-2, 208-9

regionalismo *ver* regional, geografia

regolito 55

regulações de zoneamento 187

Reino Unido 22, 27, 29, 96, 98, 158, 175, 181

Relatório Stern 203

relevos 9-10, 50-2, 61, 73-4, 145, 152, 154-6, 171-2, 198

*ver também* geomorfologia

religião 20, 98, 126, 161

relíquias 128

represas 141

representação 22, 30, 73, 98-9, 102, 153

requerentes de asilo 114

Reserva Natural de Wolong (China) 147-8

reservas

de recursos 135-6

internacionais 127

natural 144, 147-8

Revolução Industrial 69-70, 129

rios 9, 19-20, 31, 44-5, 50-1, 54, 66, 136, 154-5, 175

riscos

geofísicos 26, 76, 137-8, 184-5

naturais 122, 135, 137-9, 174-5, 184-8, 209-10

Ritter, Karl 27

GEOGRAFIA

Rolett, Barry 168
romantismo 197-8

**S**

Sahel 77, 206
salinização 56, 137, 175
Sauer, Carl 101, 147, 159
Saussure, Ferdinand de 178
Scott, Robert Falcon 19, 40
secas 47, 56, 74, 77, 126, 127, 206
sedimentos 62, 64-6, 146, 156-7, 160, 205
segregação 104, 106-7
sensoriamento
    remoto 30, 38-9, 111-2, 144-6, 153, 171-7, 208
    remoto por satélite 30, 38-9, 158, 174
sexualidade 103-5, 110, 184
Sheppard, Eric 95
significados, alternativos 101-2, 105, 112-3, 130-1
silvicultura 48, 136
    ver também desmatamento
símbolos 98, 102, 119
sinais 62, 92, 119
Sinclair, Upton 194
sistema Terra-oceano-atmosfera 45, 66, 70, 74
Sistemas de Informação Geográfica (SIG/GIS) 38, 146, 153, 166, 171-7, 193-4, 209-10, 215

Slaymaker, Olav 78
social
    ambiente 126-7
        ver também ambiente humano
    construção 101-2, 194-5
    estruturas 98-9
        ver também estruturalismo
    exclusão 106-7
    geografia 97, 103-4, 111
    surveys 87, 112-3
    tradição da ciência 149, 188
Sociedade Helvética 61
Sociedade Le Play 159
sociedade multicultural 107
Sociedade Real Geográfica (SRG) 19-20, 27, 40
solo
    congelado 44, 75, 129, 206-7
    degradação 56, 69, 74, 129, 174
    desenvolvimento 74, 156-7, 202
    erosão 71, 129-30, 134, 157
    estudo 43-4
    fertilidade 59, 71, 134
    geografia 55-6, 72, 74-5
    padrão 202
    processos 52, 58-9
    produtividade e gestão 55-6
    qualidade 126-7
    recuperação 135-6
Somerville, Mary 49
Spencer, Tom 78

{247}

Stamp, Dudley 158

Stevens, S. 162

sucessão 50, 69, 92, 200-2

superfície frontal da geleira 11, 61, 200-2

supermercados 24-5

superpopulação 129

*surveys* 87, 112, 152, 158

sustentabilidade 33, 40, 76, 110, 136, 168, 182, 208, 210, 212

sustentável 40, 126, 130, 135-6, 218

## T

teatro 179

tecnologia 24, 64, 69, 126, 133, 134-9, 146, 174, 197

de informação 142, 158, 171-7, 215

telefones móveis 142

tempestades 47, 137-9, 175, 185

tempo 10, 20, 36, 45, 63-6, 69, 87, 94, 122, 128-32, 189, 200

*ver também* mudança através do tempo

teoria 79-80, 85, 113, 124, 167, 210

*ver também* teoria crítica; teoria não representacional; teoria social e cultural

teoria astronômica (da mudança climática) 63-4

teoria crítica 40, 93, 96, 178, 195, 197, 213

teoria do lugar central 84-8

teoria geral 90, 92-5

*ver também* estruturalismo

teoria não representacional 99, 179, 183

teoria social e cultural 38-9, 94-9, 208-9, 215

terra

drenagem 76, 131

reforma 125-6

regeneração e recuperação 202

*survey* de uso 158-9

*terrae incognitae* 41

terremoto 137, 139, 185-7

território 18-26, 31, 80, 98, 119, 191

territórios selvagens 89, 199

terrorismo 127, 211

*ver também* conflitos; guerra

toposfera 43-5, 69, 72

trabalho de campo

tradição das humanidades 124-5, 149-50

transporte 48, 74, 128-9

aéreo 142

Troll, Karl 145

tropical

ciclone *ver* furacões

floresta 40, 58-61, 71, 74, 141, 143, 144, 174

incêndios 71

tsunami 139, 181, 185-7, 211

## GEOGRAFIA

tundra 74
turismo 25, 135, 148

### U

Último Glacial 66
União Europeia 18, 114, 127
União Geográfica Internacional 29
unidade na geografia 147, 189, 201, 207-18
universidades 49, 128, 209
urbanização 114, 131, 140
urbano(a)
    clima 45
    crescimento 172
    crescimento populacional 140-2
    desenvolvimento 48
    geografia 96, 97, 110, 115, 158, 186, 192
    *ver também* cidades
    paisagem 198
    serviços 108
ursos polares 206
uso da terra 10, 84, 134, 145, 152, 158-9, 172

### V

Valentine, Gill 111

vales em U 62, 128
variações da geleira 65-8, 174, 206
vegetação 20, 48-9, 52, 59, 65, 73, 145-6, 155, 157, 160, 171-2, 175, 198, 200, 206
    *ver também* biosfera
viagens de descoberta 18-21
vizinhança 104, 116, 192
    *ver também* bairro
vulnerabilidade 104-5, 135, 137-9, 185, 188, 192-3, 206-7

### W

Whatmore, Sarah 179, 198-9
White, Gilbert 35, 188
Williams, Michael 131
Williams, Raymond 102
Wooldridge, S. W. 155
Worldmapper 173

### Y

Young, Brigham 23

### Z

zona empresarial 181
zoologia 45

SOBRE O LIVRO

*Formato*: 13,7 x 21 cm
*Mancha*: 24,6 x 38,4 paicas
*Tipologia*: Adobe Jenson Regular 13/17
*Papel*: Off-white 80 g/m² (miolo)
Cartão supremo 250 g/m² (capa)
*1ª edição Editora Unesp*: 2021

EQUIPE DE REALIZAÇÃO

*Edição de texto*
Tulio Kawata (Copidesque)
Andréa Bruno (Revisão)

*Capa*
Marcelo Girard

*Editoração eletrônica*
Sergio Gzeschnik

*Assistência editorial*
Alberto Bononi
Gabriel Joppert